高超声速滑翔飞行器快速轨迹优化与机动制导

蔡光斌 徐慧 张艳红 魏昊 著

国防工业出版社

·北京·

内容简介

本书系统地论述了目前高超声速滑翔飞行器常用的快速轨迹优化方法和机动制导技术，包括高超声速滑翔飞行器轨迹优化与机动制导建模、快速轨迹优化参数化方法和数值方法、再入机动制导方法、复杂禁飞区条件下再入轨迹优化与机动制导及多高超声速滑翔飞行器协同制导等方面的内容。

本书在理论分析的基础上，引入了大量仿真实验分析。通过在不同作战场景下对高超声速滑翔飞行器快速轨迹优化效率进行仿真验证分析，突出相关理论方法在飞行器轨迹优化任务中的泛用性，并且通过在各类复杂禁飞区环境下进行机动制导方法的仿真验证分析，展示了触角法的优势。本书提出的快速轨迹优化方法和机动制导技术不仅适用于高超声速滑翔飞行器的轨迹优化任务，同时也可以推广到其他类型的高超声速飞行器，并且本书介绍的优化理论对于工程优化也有着一定的参考价值。

本书可供从事轨迹优化以及制导系统设计的工程技术人员参考，也可以供飞行器导航、制导与控制专业的研究生作为教材与参考书使用，对于控制科学与工程专业的研究生和本科生的学习也有着一定的帮助。

图书在版编目(CIP)数据

高超声速滑翔飞行器快速轨迹优化与机动制导 / 蔡光斌等著. -- 北京：国防工业出版社，2025.1.
ISBN 978-7-118-13432-2

Ⅰ. V475.9

中国国家版本馆 CIP 数据核字第 2024MJ6494 号

※

国防工业出版社出版发行
（北京市海淀区紫竹院南路23号　邮政编码100048）
雅迪云印（天津）科技有限公司印刷
新华书店经售

*

开本 710×1000　1/16　插页 4　印张 13　字数 272 千字
2025 年 1 月第 1 版第 1 次印刷　　印数 1—1500 册　　定价 120.00 元

（本书如有印装错误，我社负责调换）

国防书店：(010)88540777　　书店传真：(010)88540776
发行业务：(010)88540717　　发行传真：(010)88540762

前言

高超声速飞行器是指飞行速度超过5倍声速(马赫数为5)的飞行器,高超声速滑翔飞行器再入飞行速度快、飞行空域大、机动突防能力强等特点使其具有独特的优势,然而再入过程中飞行状态的剧烈变化、飞行约束的严苛性、环境参数的不确定性等也使其面临严峻的考验。此外,在新时期攻防对抗体系下,多传感器组网全空域、全时域探测体系,多层次协同拦截体系给高超声速滑翔飞行器的生存能力及突防效能带来巨大挑战。因此,研究高超声速滑翔飞行器再入轨迹优化与机动制导技术,适应滑翔飞行器射程远、机动突防能力强等特性,实现高超声速滑翔飞行器在线轨迹优化、精确机动制导、制导方法自主性、自适应性及鲁棒性等具有重要意义,从而为高超声速滑翔飞行器总体方案设计与关键技术攻关提供理论支撑。

作者结合近年来课题组在高超声速滑翔飞行器快速轨迹优化领域取得的研究成果以及国内外在该领域上的研究成果与进展撰写本书。本书系统地介绍了高超声速滑翔飞行器快速轨迹优化技术的研究现状以及相关技术的原理。

全书共分为7章,主要阐述了高超声速滑翔飞行器轨迹优化与机动制导的模型、方法和应用。第1章阐述了高超声速滑翔飞行器以及再入轨迹优化与机动制导技术的发展现状;第2章阐述了高超声速滑翔飞行器领域内常见的3种再入运动模型以及相关约束条件;第3章总结了快速轨迹优化参数化方法包括间接法、直接法,并着重介绍了伪谱法理论及其在轨迹优化中的应用;第4章归纳了用于解决高超声速滑翔飞行器轨迹优化的数值求解方法,主要包括凸优化方法、群智能算法和当前新兴的算法;第5章针对再入机动制导问题,总结归纳了目前常用的方法,如标称轨迹跟踪制导方法、预测校正制导方法,并介绍了其他的制导方法;第6章针对复杂禁飞区约束下再入轨迹优化与机动制导问题,介绍了典型机动制导技术和基于触角法的禁飞区规避技术;第7章阐述了多高超声速滑翔飞行器协同制导问题,并对两类典型求解算法进行介绍。

本书的撰写得到了李欣、肖永强、吴彤、郑惠、叶子绮、刘静文、王旭等人的大力协助,并且本书还参考了众多国内外学者的研究成果,在此一并对他们表示衷心的感谢。

本书内容得到了国家自然科学基金等项目的支持。

由于作者水平所限,书中难免存在一些不足之处,恳请读者批评指正。

作者

2024 年 2 月

目 录

- 第1章 绪论 ……………………………………………………… 1
  - 1.1 高超声速滑翔飞行器发展现状 ……………………………… 1
    - 1.1.1 美国高超声速滑翔飞行器发展现状 ………………… 1
    - 1.1.2 俄罗斯高超声速滑翔飞行器发展现状 ……………… 4
    - 1.1.3 其他国家高超声速滑翔飞行器发展现状 …………… 6
  - 1.2 再入轨迹优化技术研究现状 ………………………………… 7
    - 1.2.1 间接法研究现状 ……………………………………… 7
    - 1.2.2 直接法研究现状 ……………………………………… 7
    - 1.2.3 凸优化算法研究现状 ………………………………… 8
    - 1.2.4 群智能优化算法研究现状 …………………………… 8
  - 1.3 再入机动制导技术研究现状 ………………………………… 10
    - 1.3.1 再入机动制导方法研究现状 ………………………… 10
    - 1.3.2 考虑禁飞区规避的机动制导技术研究现状 ………… 11
    - 1.3.3 多高超声速滑翔飞行器协同制导技术研究现状 …… 12
  - 1.4 面临的问题与挑战 …………………………………………… 13
  - 参考文献 …………………………………………………………… 14
- 第2章 快速轨迹优化与机动制导建模 ………………………… 16
  - 2.1 再入运动方程 ………………………………………………… 16
    - 2.1.1 常用坐标系定义及坐标变换 ………………………… 16
    - 2.1.2 不考虑地球自转的再入运动方程 …………………… 21
    - 2.1.3 考虑地球自转的再入运动方程 ……………………… 24
    - 2.1.4 其他形式的再入运动方程 …………………………… 27
  - 2.2 气动参数模型 ………………………………………………… 29

        2.2.1 单一攻角模型 ………………………………………… 29
        2.2.2 攻角速度二次函数模型 ………………………………… 32
        2.2.3 攻角速度幂指数模型 …………………………………… 33
    2.3 飞行约束 …………………………………………………………… 33
        2.3.1 控制量约束 ……………………………………………… 33
        2.3.2 路径约束 ………………………………………………… 33
        2.3.3 终端约束 ………………………………………………… 36
        2.3.4 禁飞区约束 ……………………………………………… 36
    参考文献 ………………………………………………………………… 37

第3章 快速轨迹优化参数化方法 ……………………………………… 38
    3.1 间接法 ……………………………………………………………… 38
        3.1.1 最优控制问题的表述 …………………………………… 39
        3.1.2 间接法的求解过程 ……………………………………… 39
        3.1.3 间接法的特点和应用 …………………………………… 40
    3.2 直接法 ……………………………………………………………… 41
        3.2.1 直接法介绍 ……………………………………………… 41
        3.2.2 伪谱法数学基础 ………………………………………… 42
        3.2.3 伪谱法的理论推导 ……………………………………… 42
    3.3 伪谱法求解软件 GPOPS-Ⅱ 简介 ………………………………… 48
        3.3.1 GPOPS-Ⅱ 的安装方法 ………………………………… 49
        3.3.2 GPOPS-Ⅱ 的使用 ……………………………………… 49
        3.3.3 再入轨迹优化应用实例 ………………………………… 53
    参考文献 ………………………………………………………………… 62

第4章 快速轨迹优化数值方法 ………………………………………… 63
    4.1 基于凸优化方法的再入轨迹优化 ………………………………… 63
        4.1.1 凸优化理论基础 ………………………………………… 63
        4.1.2 再入轨迹优化问题的凸化 ……………………………… 72
        4.1.3 凸优化方法发展展望 …………………………………… 83
    4.2 基于群智能优化算法的再入轨迹优化 …………………………… 84
        4.2.1 常见群智能优化方法介绍 ……………………………… 84
        4.2.2 再入轨迹优化中群智能优化算法的典型
              应用 ……………………………………………………… 94
        4.2.3 群智能优化算法发展展望 ……………………………… 96

4.3 其他新兴优化方法 ································· 96
    4.3.1 基于神经网络算法的再入轨迹优化 ············ 96
    4.3.2 基于强化学习算法的轨迹优化研究 ············ 100
    4.3.3 基于混合优化算法的再入轨迹优化 ············ 104
参考文献 ······································· 106

第5章 再入机动制导方法 ································· 108

5.1 标称轨迹跟踪制导 ······························· 109
    5.1.1 标称轨迹生成方法 ························ 109
    5.1.2 参考轨迹跟踪方法 ························ 112
    5.1.3 标称轨迹跟踪制导的典型应用 ·············· 113
    5.1.4 标称轨迹跟踪制导的特点及发展展望 ········ 114
5.2 预测校正制导 ··································· 115
    5.2.1 预测校正制导算法的原理 ·················· 115
    5.2.2 预测校正制导算法的典型应用 ·············· 120
    5.2.3 预测校正制导算法的特点及发展展望 ········ 121
5.3 其他制导方法 ··································· 122
    5.3.1 解析分段预测校正制导 ···················· 122
    5.3.2 基于人工智能的制导 ······················ 131
参考文献 ······································· 134

第6章 复杂禁飞区条件下再入轨迹优化与机动制导 ········· 135

6.1 复杂禁飞区再入轨迹优化问题建模 ················· 136
6.2 典型的禁飞区轨迹优化与机动制导求解算法 ········· 138
    6.2.1 航向角走廊法 ···························· 138
    6.2.2 人工势场法 ······························ 140
    6.2.3 虚拟触角探测法 ·························· 141
6.3 双模式多触角探测的复杂禁飞区规避机动制导 ······· 142
    6.3.1 基于触角探测的飞行空域探测 ·············· 142
    6.3.2 基于三触角探测反馈的倾侧角瞬变禁飞区
         规避机动制导 ···························· 144
    6.3.3 基于双模式多触角探测的禁飞区规避机动
         制导 ···································· 155
6.4 面临的挑战与展望 ······························· 166
    6.4.1 面向复杂多静态禁飞区约束的再入规避机动
         制导 ···································· 166

6.4.2　考虑动态禁飞区规避的再入规避机动制导 … 166
　　　6.4.3　考虑动静混合禁飞区约束的再入机动规避
　　　　　　制导 …………………………………………… 167
　参考文献 ……………………………………………………… 168

第7章　多高超声速滑翔飞行器协同制导 …………… 170
　7.1　多高超声速飞行器协同制导问题描述 ……………… 170
　　　7.1.1　多高超声速飞行器协同制导技术分类 ……… 171
　　　7.1.2　多高超声速飞行器协同制导问题架构 ……… 173
　7.2　典型多高超声速飞行器协同制导求解算法 ………… 176
　　　7.2.1　基于解析方法的协同制导 …………………… 177
　　　7.2.2　基于强化学习算法的协同制导 ……………… 195
　7.3　面临的挑战与展望 …………………………………… 198
　参考文献 ……………………………………………………… 200

第1章 绪 论

1.1 高超声速滑翔飞行器发展现状

高超声速滑翔飞行器(hpyersonic glide vehicle,HGV)被誉为未来战争规则的改变者。当前,世界各主要军事大国均已投入高超声速滑翔飞行器研发,特别是俄乌冲突,"匕首"高超声速导弹首次取得战果,进一步刺激了高超声速技术与反高超声速技术研究的热度。总体来看,高超声速导弹仍是现阶段各军事强国发展的重要方向之一,其中,美国和俄罗斯在HGV技术方面处于世界第一梯队[1-6]。

1.1.1 美国高超声速滑翔飞行器发展现状

美国自第二次世界大战后开始助推滑翔飞行器研究,是世界上投入最多、研发时间最长的国家,可谓在高超声速滑翔飞行器技术方面积累最为深厚的国家之一,当前阶段,美国正在加速高超声速滑翔飞行器武器化进程。美国高超声速滑翔飞行器发展过程中,在助推滑翔飞行器方面具有代表性的项目有"动力翱翔者"载人航天轰炸机(DYNA-SOAR X20)、通用航空飞行器(common aero vehicle,CAV)计划、高超声速滑翔飞行器实验(HTV)计划、高超声速武器(AHW)计划、战术助推滑翔器(TBG)计划等[7-8]。

DYNA-SOAR(X 20)计划开始于1957年,沿用前期Bomi计划的设计思路,设计的航天飞行器是一种助推加滑翔飞行器构型(图1.1),其目标在于形成一种可载人的全球到达飞行系统。该计划于1963年被取消,但其在气动设计、制导控制方面的技术积累为后续高超声速滑翔飞行器的发展奠定了基础。

图 1.1　DYNA-SOAR X-20 航天飞行器

1996 年,"通用航空飞行器"(CAV)概念被提出,同年美国开启 CAV 计划,旨在设计一类能够适应不同发射平台的通用飞行器,通过无动力滑翔可执行全球范围内战略力量投送和精确打击。2000 年,洛克希德·马丁公司和波音公司分别研制出 CAV-H 飞行器和 CAV-L 飞行器两类原型样机,如图 1.2 所示。CAV-H 飞行器为升力体外形,升阻比较高,最大升阻比约为 3.5~5.0,而采用双锥体外形的 CAV-L 飞行器,升阻比略低,约为 2.0~2.5。

(a) CAV-H 飞行器

(b) CAV-L 飞行器

图 1.2　美国通用航空飞行器

2004 年,美国国防部高级研究计划局(DARPA)与美国空军在 CAV 计划基础上开启 HTV 计划。其中,HTV-1 飞行器研究项目因工程难题于 2005 年被取消;2006 年启动 HTV-2 飞行器研究,至 2012 年共进行了 2 次飞行试验,均以失败告终,但该试验为后续研究积累了大量经验;HTV-3 飞行器因经费需求过高于 2009 年被取消。图 1.3 为 HTV-2 飞行器构型示意图,图 1.4 为 HTV-2 飞行器再入轨迹示意图。

HTV 计划受挫之后,美国开始转向战略战术思路并行推进,努力实现三位一体的 HGV 型谱化发展,逐步开启先进高超声速武器(AHW)计划。该计划的一个重要成果是发展了 C-HGB 滑翔体,如图 1.5 所示。AHW 计划于 2011 年进行第一次飞行试验,验证了 C-HGB 滑翔体气动特性、相关导航制导控制等关键技术。

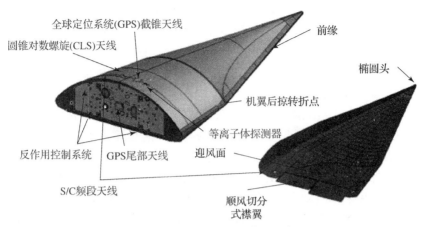

图1.3　HTV-2飞行器构型示意

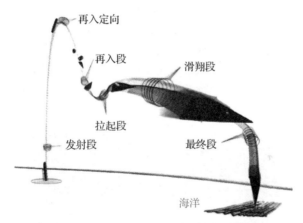

图1.4　HTV-2飞行器再入轨迹示意图

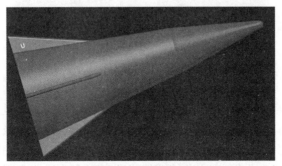

图1.5　C-HGB滑翔体示意图

2020年3月，美国空军和海军联合开展了C-HGB弹头的飞行试验，在此次试验中滑翔体弹头以马赫数5的速度飞行超过3700km后成功命中目标。

战术助推滑翔器(TBG)研究项目于2018年启动，由DARPA与美国空军研究实验室(AFRL)联合研制。TBG弹头一般由固体火箭发动机推动至高超声速，是一种核常兼备的战斗部。

2023年1月，美国国会预算办公室发布"U. S. Hypersonic Weapons and Alternatives"报告，介绍了美国国防部当前的高超声速导弹计划。当前美国在研的高超声速滑翔飞行器项目主要包括陆军远程高超声速武器(LRHW)项目、海军中程常规快速打击武器系统(IRCPS)项目和空军空射快速响应武器(ARRM)项目。LRHW导弹采用陆基机动发射，该武器系统由固体燃料推进器和C-HGB双锥体高超声速滑翔弹头组成，目前已经成功完成了导弹基本型的飞行测试。IRCPS项目同样采用C-HGB弹头，计划可以从潜艇发射该导弹，从而实现海上中等射程的高超声速打击目的。ARRM项目目标是以TBG预研项目为基础，快速研制一型编号为AGM-183A的战术机载高超声速导弹，图1.6为AGM-183A导弹示意图。2019年至今，美国空军对AGM-183A导弹共开展了6次带飞试验、5次助推飞行试验(其中3次飞行试验失败)、2次全备弹飞行试验、1次杀伤链闭环模拟试验。2023年3月13日在美国南加利福尼亚州海岸开展的第二次全备弹飞行试验因未收集到所需数据而宣告失败。

图1.6　AGM-183A导弹示意图

1.1.2　俄罗斯高超声速滑翔飞行器发展现状

俄罗斯高超声速滑翔飞行器技术发展起步较早，目前处于世界领先地位。特别是2022年俄乌冲突中，"匕首"高超声速导弹首次取得战果，极大地震撼了世界各军事强国。"匕首"高超声速导弹虽然是一款高超声速弹道导弹，但是鉴于其对俄罗斯的重要意义和作用，在本节梳理俄罗斯高超声速滑翔飞行器发展现状时仍将其纳入介绍。当前俄罗斯对外宣称多款高超声速导弹武器已成功实现部署，并且正在不断推进新型高超声速滑翔飞行器研究。俄方已公开的项目主要有"匕首""先锋"等高超声速导弹项目,图1.7和图1.8分别是"匕首"和"先锋"高超声速导弹示意图。

图1.7 "匕首"高超声速导弹示意图

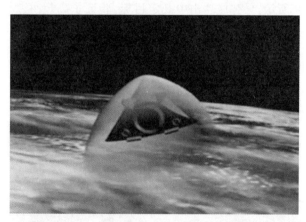

图1.8 "先锋"高超声速导弹示意图

"匕首"高超声速导弹是一种机载空射型高超声速弹道导弹,飞行速度超过马赫数10,射程大于2000km,可携带核、常弹头。目前,"匕首"高超声速导弹已在俄乌冲突中取得了多次战果,成功对乌方多处重要军事设施进行了快速精确打击。2023年3月9日,俄罗斯一天之内使用6枚"匕首"高超声速导弹,均成功摧毁乌方重要设施,充分展示了该导弹的可靠精确打击能力。

"先锋"高超声速导弹项目早于20世纪80年代开始研发,是一种核常兼备的战略导弹,1990年至2018年先后进行14次实验,2018年12月,"先锋"高超声速导弹飞行试验获得成功,验证了其材料和热管理技术的发展。2020年1月俄罗斯公开报道正式部署两套"先锋"高超声速导弹武器系统。此外,2022年7月,俄罗斯海军透露,已启动"蛇纹岩"远程反舰导弹新项目,该导弹配备滑翔弹头,射程可达4000km,兼具反舰和对陆打击能力。

1.1.3 其他国家高超声速滑翔飞行器发展现状

当前,在美国和俄罗斯大力推进高超声速滑翔飞行器技术研究的同时,越来越多的国家投入到高超声速滑翔飞行器技术的研发行列。2022年7月英国宣布启动"高超声速滑翔飞行器实验"(HVX)计划。2022年9月美国空军透露,美国和澳大利亚合作开发的"南十字星综合飞行试验"(SCIFIRE)技术验证项目,将会利用澳大利亚靶场开展高超声速飞行试验。目前,公开资料显示朝鲜在高超声速滑翔飞行器技术方面取得较大的进展。2021年朝鲜试射"火星-8"高超声速导弹,成功验证了滑翔体飞行控制性能和机动制导性能,高超声速导弹技术取得重要进展。2022年1月5日,朝鲜试射了一型双锥体弹头构型的HGV导弹,验证了导弹的可操控性和稳定性。同年1月11日,朝鲜国防科学院开展第2次试射,如图1.9所示,导弹成功击中既定目标,验证了高超声速导弹的总体技术特性。

图1.9 朝鲜试射高超声速导弹

现阶段高超声速导弹仍是各军事大国发展的重点,美国、俄罗斯、印度及欧盟国家等持续推动高超声速技术武器化、实战化进程。高超声速技术发展将持续升温,形成作战能力后必将对未来世界军事战略格局产生深远影响。其中,高超声速滑翔飞行器再入轨迹优化与机动制导技术仍将是各国发展和关注的关键技术问题之一,随着高超声速滑翔飞行器武器化、实战化进程的深入推进,提升作战效能和突防能力是HGV再入轨迹优化与机动制导技术亟待解决的问题。

1.2 再入轨迹优化技术研究现状

高超声速滑翔飞行器再入轨迹优化(reentry trajectory optimization,RTO)旨在完成基本再入任务的基础上,找到一条能够满足各种约束的最优路径,一般可描述为需满足状态约束、路径约束和控制约束的非线性最优控制问题。再入轨迹优化对于飞行器如何找到性能指标最优的轨迹、发挥出最大作战效能起关键性作用。常见的解决方法主要包括间接法、直接法、凸优化算法和群智能优化算法等[9-11]。

1.2.1 间接法研究现状

间接法主要利用经典变分法思想和Pontryagin极大值原理,引入Hamilton函数,推导出一阶最优必要性条件,将最优控制问题转化成Hamilton两点边值求解问题。在获得一阶最优必要条件的基础上,间接法求解轨迹优化问题速度快、精度高,能够得到全局最优解。然而,该方法程序化困难,一阶最优性必要条件推导复杂,Hamilton边值问题解空间范围很小,初值敏感性较强,并且协态变量的初值难以估计;对于复杂的系统,推导必要条件特别困难;对有路径约束的最优控制问题难以解决。

1.2.2 直接法研究现状

直接法的基本思路是将再入轨迹优化这个典型最优控制问题转化为非线性规划(nonlinear programming,NLP)问题,并采用NLP算法对性能指标直接寻优。与间接法相比,直接法不用推导一阶最优性必要条件,易于编程实现,收敛性好,在高超声速滑翔飞行器轨迹优化领域应用广泛。但也存在以下不足:得到的解不是全局最优,虽然可以通过增加离散节点数量来提升解的全局最优性,但是会大大影响算法计算效率。

直接法求解过程一般分为两个部分:一是将最优控制问题离散变换成非线性规划问题;二是对非线性规划问题进行优化求解。具有代表性的直接法有打靶法、微分包含法和伪谱法(pseudospectral method,PM)。打靶法、微分包含法计算量均较大,无法实现在线轨迹优化,而伪谱法可将运动方程约束离散为代数形式,求解速度较快,收敛半径大,是目前轨迹优化领域的典型求解方法。其中,伪谱法理论以及应用近年来发展较快,已成为轨迹优化问题数值求解研究的热点,在编队飞行、航天器轨迹规划、运载火箭上升段轨迹优化、再入轨迹优化等诸多领域得到成功应用。1979年Reddien[12]最早提出高斯伪谱法(Gauss pseudospectral method,GPM)求解最优控制问题,发现伪谱法具有快速收敛的特点,并且逼近精度非高。1995 年 Elnagar[13]等重点阐述了勒让德（Legendre）伪谱法的原理和典型应用，是伪谱法发展过程中里程碑性的著作。2004 年，为改进勒让德伪谱法的不足，Benson[14]提出了高斯伪谱法。随后，Huntington[15]对该方法进行了改进，并证明在存在路径约束和一般动力学微分方程约束情况下等价性依然成立，并对勒让德伪谱法、高斯伪谱法、拉道（Radau）伪谱法进行了仿真对比，验证了高斯伪谱法具有更高的求解精度和更快的收敛速度。2012 年，孙勇[16]提出了改进的多段高斯伪谱法，并推导证明了多段高斯伪谱法的一阶最优必要性条件与 Karush‑Kuhn‑Tucker（KKT）条件的等价性。2014 年，Patterson[17]提出了一种改进的高斯伪谱法来解决多阶段最优控制问题，相较于传统高斯伪谱法具有更高的精度，另外，该团队同时开发了 GPOPS 软件包用来解决通用最优控制问题。研究表明，直接法求解轨迹优化问题，收敛半径大、不需要推导一阶最优性必要条件，但得到的解精度不高，需要增加离散节点数量以提高求解精度，然而，这种方式会极大影响算法计算效率。

1.2.3 凸优化算法研究现状

与求解 NLP 问题的方法相比，凸优化方法求解 HGV 再入轨迹优化问题，速度较快，且具有一定的全局收敛性，具有在线求解轨迹优化问题的潜力。2015 年，Liu[18]在求解多种约束条件下轨迹优化问题时采用了二阶锥规划方法，并对其全局收敛性进行了证明。仿真结果表明二阶锥规划方法计算效率快于直接配点法，但是求解过程中采用了近似化逼近策略，算法的精确性不能得到保证。Wang[19]提出一种信赖域更新策略，提升了序列凸优化方法收敛性和问题求解实时性。宗群[20]提出了一种新的信赖域更新策略，并采用序列凸优化的方法对再入轨迹重构问题进行了研究，在轨迹求解的实时性和收敛性能方面取得进一步的提高。虽然凸优化方法在轨迹优化领域取得一定的成果，但高超声速滑翔飞行器再入轨迹优化问题是一个较强的非凸问题，在存在复杂约束的情况下，转化为凸问题过程复杂且会带来一定误差，全局收敛性会进一步下降。

1.2.4 群智能优化算法研究现状

近年来，群智能优化算法对复杂问题任务展现出较好的鲁棒性、适应性及全局优化性能，被广泛应用于飞行器轨迹规划领域。群智能优化算法是模仿自然界生物群体行为习性抽象得到的一类新兴算法，在轨迹优化领域内具有较大影响的有遗传算法（genetic algorithms，GA）、粒子群优化（particle swarm optimization，PSO）算法、鲸鱼优化算法（whale optimization algorithm，WOA）、蚁群优化（ant colony optimization，ACO）算法、麻雀优化算法（sparrow search algorithm，SSA）等。

Roberge[21]等提出了一种快速平行遗传算法,实现无人机的快速轨迹规划;Patron[22]等利用GA优化飞行巡航段轨迹,降低了飞机油耗。吴坤[23]提出改进的WOA用来规划无人机飞行轨迹。李宪强[24]提出一种改进的AOC算法使得无人机能够顺利规避空间障碍物,精确到达目标点。近年来,PSO算法因其简单形式,便于推导,收敛速度较快等优势,在轨迹优化问题的求解上取得了具有影响的成果。Jiang[25]提出一种PSO算法与GPM相结合的方法,快速求得飞行器再入轨迹。Li[26]提出一种基于随机梯度PSO算法将其应用优化求解攻角和倾侧角剖面。周宏宇等[27]提出采用强化学习方法更新PSO参数,使得设计的剖面进行了实时在线的更新,进而解析得到控制指令。2020年,Xue等[28]研究麻雀觅食行为提出SSA,并指出在全局寻优能力和收敛速度上,SSA较PSO算法、WOA、GA等有较大的优势。虽然群智能优化算法在飞行器轨迹规划中的应用越来越广泛,并取得一定的效果,但是随着约束增多,运动模型逐渐复杂,在解决高超声速滑翔飞行器轨迹优化问题时,群智能优化算法易早熟、易陷于局部最优带来的影响依然不能忽视。

当前轨迹优化问题的发展趋势是结合多种算法的优点,形成一种混合的轨迹优化算法,如群智能优化算法得到一个较好的初值作为伪谱法或其他直接法的求解初值。另外,凸优化算法同伪谱法或群智能优化算法相结合的方法也不断出现,引起学者们的重视。四类轨迹优化算法的比较如表1.1所列。

表1.1 四类轨迹优化算法的比较

优化方法	优点	不足
间接法	精度高,满足最优性一阶必要条件	(1)最优必要性条件推导复杂; (2)收敛半径小,对初始值敏感性强; (3)协态变量初始猜测值难以精确估计
伪谱法	对共轭变量的边界值的估计精度较高,处理含初始和终端约束的问题具有优势	(1)对初值猜测具有一定敏感,计算速度一般; (2)解的全局最优性无法保证,若增加节点数量提高精度会影响计算效率
凸优化算法	局部最优解就是全局最优解,求解速度快	(1)非凸问题转化为凸问题较难,不易有新的思路; (2)数学推导复杂
群智能算法	全局收敛性较好	(1)计算成本相对较高; (2)求解精度有待提高

1.3 再入机动制导技术研究现状

1.3.1 再入机动制导方法研究现状

在弹道导弹发展初期，研究者们就已经注意到再入制导控制问题对任务成败的关键性影响。为了确保HGV实现远程精确目标打击、全球战略力量投送等任务需求，再入制导系统的发展和应用尤为重要。与传统再入大气层的飞行器不同，HGV在其再入后的滑翔过程，通过大升阻比的气动特性保持了较强的机动能力。由于再入飞行时间和航程较长、初始终端速度差距较大、再入大气环境变化剧烈等因素影响，HGV再入制导技术的发展面临着巨大的困难和挑战。当前，再入制导方法可主要分为标称轨迹跟踪制导和预测-校正制导两类。

标称轨迹制导是指在飞行器遂行再入任务时，需要预先装订标称再入轨迹，然后在实际飞行中，通过计算标称轨迹与实际运动状态间的误差，实时生成飞行器再入制导指令，不断调整飞行器的飞行状态，减小实际轨迹与标称轨迹之间的偏差，进而导引飞行器飞向目标区域。标称轨迹跟踪制导通常分为两个步骤，首先通过离线或在线轨迹规划算法进行参考轨迹生成；然后设计轨迹跟踪控制器进行标称轨迹跟踪。标称轨迹跟踪制导方法计算量小，已在较多的航天任务中得到应用。常见的航天飞机再入制导策略可分为纵向制导和横向制导两个部分进行设计，纵向制导建立可调节设计参数的参考阻力加速度剖面，以满足各类过程约束；横向制导通过设计航向角偏差走廊，不断修正倾侧角符号控制飞行器消除航向偏差以精确到达目标区域。这种横向、纵向分别设计的再入制导方法简单易行，但是该策略利用大圆弧假设预测飞行器航程，对于能够大范围横向机动的HGV再入飞行任务具有一定局限性。标称轨迹制导法优点是计算量小，可离线设计满足过程约束标称参考轨迹，但是当由于干扰因素导致实际轨迹误差较大时，制导精度无法得到保证。除此之外，对于不同的任务需要设计不同的参考轨迹，任务适应性差，且随着约束条件的复杂化，轨迹跟踪控制器的设计也越来越复杂。

预测-校正制导的思想是在每个制导周期内实时预测终端状态，计算与期望终端状态之间的偏差，进而对攻角和倾侧角指令进行校正，获得最终的制导指令，导引飞行器到达目标区域。如何准确预测落点和选择制导指令解算方法是预测-校正制导研究中重点关注的问题。按照终端状态预测方法的不同，可将预测-校正制导分为解析预测-校正制导与数值预测-校正制导。解析预测-校正制导是通过部分模型简化，利用合理假设，根据飞行器当前的状态，解析推导预测终端状态信息,进而计算出预测偏差,校正飞行器制导指令以实现再入精确制导。解析预测制导对部分扰动具有一定的鲁棒性,但推导过程复杂,且有一定的简化近似操作,从而导致其应用存在一定局限性。随着计算机性能的发展,数值预测-校正制导方法逐渐受到研究者的关注。数值预测-校正制导方法主要采用数值方法对飞行器终端状态信息进行预测,整个过程中需要关注以下关键问题:①如何快速精确预测飞行器终端状态;②如何迭代校正制导指令;③获得制导指令后如何快速实现轨迹生成;④如何保证得到的轨迹满足各类过程约束,使得飞行器安全精确完成再入任务。

综上所述,标称轨迹跟踪制导方法采用规划加跟踪的思路,过程简单易实现,计算负担小、速度快,但由于气动干扰的影响,使得此方法落点精度低、鲁棒性不强且任务适应性差。预测-校正制导方法利用预测加校正的迭代修正思路,具有鲁棒性强、制导精度较高的优势,但其也存在计算量大、指令求解耗时长等不足亟须解决。

1.3.2 考虑禁飞区规避的机动制导技术研究现状

近年来,各国开始重视反高超声速滑翔飞行器技术的研究,且高超声速滑翔飞行器遂行再入任务时需要避开一些政治敏感区域,考虑禁飞区约束条件的高超声速滑翔飞行器再入精确制导的问题逐渐成为领域内研究热点。传统禁飞区规避问题研究主要分为人工势场法和航向角偏差走廊方法。人工势场法(artificial potential field, APF)通常利用禁飞区和目标点位置,构造引力势函数和斥力势函数,计算每个时刻飞行器收到的合力求解制导指令。航向角偏差走廊方法是将禁飞区约束转化为航向角约束,纵向制导通过迭代求解倾侧角幅值,侧向制导通过航向角偏差走廊进行倾侧角符号翻转控制。Zhang 等[29]提出一种在线的数值预测校正算法,利用航向角偏差阈值与人工势场法相结合的方法成功规避禁飞区。Liang 等[30]引入触角法实施探测禁飞区,仿真验证该方法能对圆形、矩形、长廊形禁飞区进行规避。在此基础上,Gao 等[31]改进触角法,通过 3 条触角,减少倾侧角末端翻转次数,能够处理禁飞区数量多达 13 个。高杨等[32]提出双模式触角探测制导方法,大步长探测模式缩短算法时间,小步长探测阶段精细调整倾侧角,提高制导精度。此外,高杨等[33]还对不同类型动态禁飞区进行了建模描述,采用触角法预测飞行轨迹与禁飞区位置的相对关系,对制导指令进行调整,使得飞行器成功规避动态禁飞区到达目标点。

随着反高超声速武器技术的研究和发展,考虑禁飞区的 HGV 再入制导方法越来越受到各国的重视,采用传统禁飞区规避制导方法,并不能很好地解决禁飞区数量过多时的规避制导问题,并且随着禁飞区数量的增加,航向角走廊的选取变得非常复杂且困难,因此,需要提出一种能够解决复杂禁飞区约束下的快速制导算法。

1.3.3 多高超声速滑翔飞行器协同制导技术研究现状

高超声速滑翔飞行器作为远程快速精确打击武器,具有飞行速度快、机动范围大、全球精确打击等特点,在现代化战争中均具有成为撒手锏的潜力,针对这一具有极大威慑力的武器,各国不断深入研究反高超声速武器防空系统,使得单个高超声速滑翔飞行器突防能力和威慑能力大幅下降。对此,发展多高超声速滑翔飞行器协同再入制导技术,采用饱和打击方式瘫痪敌防空系统,以提升飞行器战场生存能力和突防概率,具有重要的军事价值。

为满足饱和打击需求,提升突防能力,多飞行器必须同时到达打击目标范围内,因此,要求飞行器飞行时间具有可控性,能够在指定时间范围内对目标实施打击。多飞行器时间协同制导问题通常分为两类:①各飞行器之间互相通信,协调攻击时间;②各飞行器之间并无交互,各自指定飞行时间。目前多高超声速滑翔飞行器的协同制导研究主要集中在无通信交互的指定期望时间协同制导方面。由于高超声速再入飞行器飞行速度极快,再入过程环境变化剧烈,再入运动状态量耦合程度高,传统的多无人机、多机器人、多弹协同制导技术不能够直接应用于多高超声速滑翔飞行器协同制导问题。单一高超声速滑翔飞行器再入制导算法因未考虑再入时间一致性要求,也无法直接应用。因此,如何解决再入时间协同约束成为解决多高超声速滑翔飞行器协同制导领域的核心问题。

研究表明,HGV 再入制导问题具有横向、纵向解耦特点,即纵向制导能够调整再入飞行的轨迹,主要生成攻角指令和倾侧角指令的幅值,横向制导部分可依靠不断调整倾侧角翻转,进而影响再入航程和飞行时间。受这种横向、纵向解耦的良好性能启发,众多研究者提出一系列多高超声速滑翔飞行器时间协同制导的算法,将多高超声速滑翔飞行器飞行时间可控问题转化为倾侧角符号决策问题。Li 等[34]参数化倾侧角剖面,在纵向制导部分不断采用数值积分预测剩余飞行时间和剩余航程,横向距离利用剩余时间调整倾侧角符号实现时间一致制导。类似地,王肖等[35]在高度 – 速度剖面设计参考轨迹,采用预测 – 校正方法优化轨迹参数以满足时间约束,结合航向角走廊调整倾侧角翻转进行制导。但这类算法多采用数值积分预测剩余航程和剩余飞行时间,计算耗时较多,且在后期倾侧角翻转次数较多,对执行机构要求较高。对此,多高超声速滑翔飞行器时间协同制导问题研究逐渐聚焦在快速获得倾侧角幅值和优化倾侧角翻转时机和次数方面。

近年来,深度学习和强化学习理论在一些控制决策问题上的优异表现,引起了诸多研究者的关注。高嘉时[36]采用强化学习中的深度确定性策略(deep deterministic policy gradien,DDPG)算法同神经网络结合,设计倾侧角剖面,完成再入制导设计。惠俊鹏等[37]基于近端策略优化(proximal policy optimization,PPO)算法训练倾侧角模型,依据实时状态信息在线决策倾侧角指令,得到一种"新质"再入飞行走廊。方科等[38]在纵向采用预测校正模块得到倾侧角幅值,横向基于深度Q网络(deep Q-network,DQN)算法设计倾侧角符号规划模块,最终控制再入飞行时间,通过离线训练-在线使用的方法解决协同再入制导问题。张婉晴等[39]基于纵向高精度解析解快速得到倾侧角模值,横向采用DQN强化学习算法设计横向机动智能决策器,优化倾侧角翻转时机和减少了倾侧角翻转次数。采用强化学习的方法求解协同制导问题制导指令速度快,制导精度高,但是由于需要离线训练,线下工作需要准备充分,任务的适应性需进一步提高。此外,由于解析方式获得倾侧角幅值的方法,求解速度快、精度高,能够满足在线制导实时要求,因此,将解析求解倾侧角幅值方法同强化学习相结合的思路,成为解决多高超声速滑翔飞行器协同制导问题可行的探索方向。随着现代战争形式变化的需求,为提升多高超声速滑翔飞行器协同打击效果,再入打击任务对攻击时间要求十分严格,有待于研究者进一步思考与解决。

1.4 面临的问题与挑战

高超声速滑翔飞行器再入轨迹优化与机动制导还面临诸多难题,目前较为突出的问题表现于:

(1)当前多种再入轨迹优化求解算法均存在对初始猜测值生成敏感问题,解空间中找到一组好的初始值能够提升轨迹优化问题求解的速率。如何找到一组好的初始值,已成为再入轨迹优化问题研究的一个方向。

(2)标称轨迹跟踪制导方法对制导任务的适应性较差,而预测-校正制导算法制导指令求解效率和制导精度之间存在矛盾,如何在保证制导指令求解速率的同时保持制导精度,成为再入制导领域内亟待突破的关键问题之一。

(3)随着战场环境的变化,多动态禁飞区约束问题成为高超声速滑翔飞行器更好发挥作战效能必须考虑的问题。当前人工势场法和航向角走廊方法在面对复杂禁飞区时存在局限性,如何提高战场突防能力,成功规避多动态复杂禁飞区,是高超声速滑翔飞行器应用领域需重点解决的关键问题之一。

(4)通常可采用饱和打击方式提升高超声速滑翔飞行器作战效能和战场突防能力,饱和打击要求多高超声速滑翔飞行器同时到达目标区域,对再入协同制导提出了严格的时间要求,即每枚飞行器须在协同约定时刻到达敌方阵地。协同时间要求严格为高超声速滑翔飞行器再入协同制导带来了新的挑战。

参考文献

[1] 王俊伟,冯丽,叶蕾,等.2022年国外高超声速领域发展综述[J].战术导弹技术,2023(02):1-22.

[2] 王俊伟,刘都群,张灿.2021年国外高超声速领域发展综述[J].战术导弹技术,2022(01):29-37.

[3] 张灿,王轶鹏,叶蕾.国外近十年高超声速飞行器技术发展综述[J].战术导弹技术,2020(06):81-86.

[4] 张灿,林旭斌,刘都群,等.2019年国外高超声速飞行器技术发展综述[J].飞航导弹,2020(01):16-20.

[5] 宋巍,梁轶,王艳,等.2018年国外高超声速技术发展综述[J].飞航导弹,2019(05):7-12.

[6] 李思冶,查柏林,王金金,等.美俄高超声速武器发展研究综述[J].飞航导弹,2021(03):31-37.

[7] RICHIE G. The Common Aero Vehicle - Space delivery system of the future[C]. Space Technology Conference and Exposition, Albuquerque, New Mexico, 1999:4435.

[8] PHILLIPS T H. A Common Aero Vehicle (CAV) model, description, and employment guide[R]. Schafer Corporation for AFRL and AFSPC,2003.

[9] 雍恩米.高超声速滑翔式再入飞行器轨迹优化与制导方法研究[D].长沙:国防科学技术大学,2008.

[10] 黄长强,国海峰,丁达理.高超声速滑翔飞行器轨迹优化与制导综述[J].宇航学报,2014,35(04):369-379.

[11] 张远龙,谢愈.滑翔飞行器弹道规划与制导方法综述[J].航空学报,2020,41(01):50-62.

[12] REDDIEN G W. Collection at Gauss Points as a Discretization in Optimal Control[J]. Siam Journal on Control and Optimization,1979,17(2):298-306.

[13] ELNAGAR G, KAZEMI M A, RAZZAGHI M. The Pseudospectral Legendary Method for Discretizing Optimal - Control Problems[J]. IEEE Transactions on Automatic Control,1995,40(10):1793-1796.

[14] BENSOND A. Gauss Pseudospectral Transcription for Optimal Control[D]. Cambridge:Massachusetts Institute of Technology,2005.

[15] HUNTINGTON G T, RAO A V. Optimal Reconfiguration of Spacecraft Formations Using the Gauss Pseudospectral Method[J]. Journal of Guidance Control and Dynamics,2008,31(3):689-698.

[16] 孙勇.基于改进Gauss伪谱法的高超声速飞行器轨迹优化与制导[D].哈尔滨:哈尔滨工业大学,2012.

[17] PATTERSON M A, RAO A V. GPOPS - Ⅱ : A MATLAB software for solving multiple - phase optimal control problems using hp - adaptive Gaussian quadrature collocation methods and sparse nonlinear programming[J]. Acm Transactions on Mathematical Software,2014,41(1):58-76.

[18] LIU X F, SHEN Z J, LU P. Entry Trajectory Optimization by Second - Order Cone Programming[J]. Journal of Guidance, Control, and Dynamics,2016,39(2):227-241.

[19] WANG Z B, LU Y. Improved Sequential Convex Programming Algorithms for Entry Trajectory Optimization[J]. Journal of Spacecraft and Rockets,2020,57(6):1373-1386.

[20] 宗群,李智禹,叶林奇,等.变信赖域序列凸规划RLV再入轨迹在线重构[J].哈尔滨工业大学学报,2020,52(03):147-155.

[21] ROBERGE V, TARBOUCHI M, LABONTE G. Fast Genetic Algorithm Path Planner for Fixed - Wing Military UAV Using GPU[J]. IEEE Transactions on Aerospace and Electronic Systems,2018,54(5):2105-2117.

[22] PATRON R, BOTEZ R M. Flight Trajectory Optimization Through Genetic Algorithms for Lateral and Vertical Integrated Navigation[J]. Journal of Aerospace Information Systems,2015,12(8):533-544.

[23] 吴坤,谭劭昌.基于改进鲸鱼优化算法的无人机航路规划[J].航空学报,2020,41(S2):107-114.

[24] 李宪强,马戎,张伸,等.蚁群算法的改进设计及在航迹规划中的应用[J].航空学报,2020,41(S2):213-219.

[25] JIANG X Q,LI S. Mars Atmospheric Entry Trajectory Optimization via Particle Swarm Optimization and Gauss Pseudospectral Method[J]. Journal of Aerospace Engineering,2016,230(12):2320-2329.

[26] LI Z H,HU C,DING C B,et al. Stochastic Gradient Particle Swarm Optimization Based Entry Trajectory Rapid Planning for Hypersonic Glide Vehicles[J]. Aerospace Science and Technology,2018,76:176-186.

[27] 周宏宇,王小刚,单永志,等.基于改进粒子群算法的飞行器协同轨迹规划[J].自动化学报,2022,48(11):2670-2676.

[28] XUE J K,SHEN B. A Novel Swarm Intelligence Optimization Approach:Sparrow Search Algorithm[J]. Systems Science & Control Engineering,2020,8(1):22-34.

[29] ZHANG D,LIU L,WANG Y J. On-line Reentry Guidance Algorithm with Both Path and No-Fly Zone Constraints[J]. Chinese Journal of Aeronautics,2020,33(3):990-1005.

[30] LIANG Z X,ZHANG R. Tentacle-Based Guidance for Entry Flight with No-Fly Zone Constraint[J]. Journal of Guidance,Control,and Dynamics,2018,41(4):996-1005.

[31] GAO Y,CAI G B,YANG X G,et al. Improved Tentacle-Based Guidance for Reentry Gliding Hypersonic Vehicle with No-Fly Zone Constraint[J]. IEEE ACCESS,2019,7:119246-119258.

[32] 高杨,蔡光斌,徐慧,等.虚拟多触角探测的高超声速滑翔飞行器再入机动制导[J].航空学报,2020,41(11):131-146.

[33] 高杨,蔡光斌,张胜修,等.多禁飞区高超声速滑翔飞行器再入机动制导[J].兵器装备工程学报,2019,40(08):32-39.

[34] LI Z H,HE B,WANG M H,et al. Time-Coordination Entry Guidance for Multi-Hypersonic Vehicles[J]. Aerospace Science and Technology,2019,89:123-135.

[35] 王肖,郭杰,唐胜景,等.基于解析剖面的时间协同再入制导[J].航空学报,2019,40(03):239-250.

[36] 高嘉时.升力式再入飞行器轨迹优化与制导方法研究[D].武汉:华中科技大学,2019.

[37] 惠俊鹏,汪韧,俞启东.基于强化学习的再入飞行器"新质"走廊在线生成技术[J].航空学报,2022,43(09):623-635.

[38] 方科,张庆振,倪昆.飞行时间约束下的再入制导律[J].哈尔滨工业大学学报,2019,51(10):90-97.

[39] 张晚晴,余文斌,李静琳,等.基于纵程解析解的飞行器智能横程机动再入协同制导[J].兵工学报,2021,42(07):1400-1411.

第2章 快速轨迹优化与机动制导建模

2.1 再入运动方程

高超声速滑翔飞行器(hypersonic glide vehicles, HGV)多采取高升阻比的气动外形设计,采用高超声速滑翔或火箭发动机和超燃冲压发动机进行推进,以高超声速、高机动性、快速响应、强突防能力为主要功能特点,可用于快速部署和火力远程投送。相对于传统弹道式导弹而言,其再入飞行距离远、飞行速域和空域范围大、飞行环境变化剧烈,飞行器动力学特性十分复杂。因此,建立合理的高超声速滑翔飞行器再入动力学模型对再入轨迹优化与制导起到了基石的作用。

2.1.1 常用坐标系定义及坐标变换

由于高超声速滑翔飞行器再入运动方程非常复杂,选择合适的参考坐标系是研究高超声速滑翔飞行器再入段运动规律的首要条件。因此,本章首先简单地介绍常用坐标系以及相应坐标系之间的坐标变换关系[1-2]。

1. 常用坐标系定义

1) 地心固连坐标系——$O_a - x_a y_a z_a$,简记为[a]

地心固连坐标系也称为地心系,如图2.1所示。它以惯性空间为基准,坐标原点位于地心 O_a,$O_a x_a$ 轴位于赤道平面内,指向格林尼治子午线为正方向;$O_a z_a$ 轴垂直于赤道平面,与地球自转轴重合,指向地理北极为正方向;$O_a y_a$ 轴与 $O_a x_a$ 轴、$O_a z_a$ 轴构成右手直角坐标系。

2) 弹体坐标系——$o_1 - x_1 y_1 z_1$,简记为[b]

弹体坐标系,如图2.2所示,其坐标原点取 HGV 的质心 o_1,$o_1 x_1$ 轴与飞行器的纵对称轴重合,指向头部为正方向;$o_1 y_1$ 轴位于飞行器主对称平面内,垂直于 $o_1 x_1$ 轴,指向上方为正;$o_1 z_1$ 轴与 $o_1 x_1$ 轴、$o_1 y_1$ 轴构成右手直角坐标系。

第 2 章　快速轨迹优化与机动制导建模

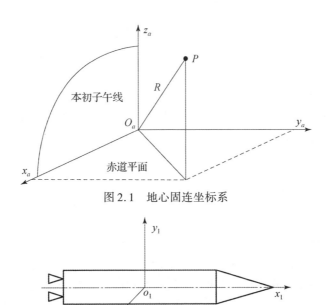

图 2.1　地心固连坐标系

图 2.2　弹体坐标系

3）速度坐标系——$o_1 - x_v y_v z_v$，简记为 $[v]$

速度坐标系的原点 o_1 位于 HGV 的质心，$o_1 x_v$ 轴与速度飞行器速度矢量一致；$o_1 y_v$ 轴位于飞行器的主对称平面内，与 $o_1 x_v$ 轴垂直，指向上方为正；$o_1 z_v$ 轴与 $o_1 x_v$ 轴、$o_1 y_v$ 轴构成右手直角坐标系。

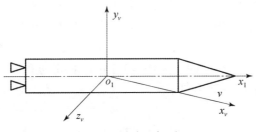

图 2.3　速度坐标系

4）半速度坐标系——$o_1 - x_h y_h z_h$，简记为 $[h]$

半速度坐标系又称为航迹坐标系，坐标原点位于 HGV 质心 o_1，$o_1 x_h$ 轴与 $o_1 x_v$ 轴重合，沿速度矢量方向为正；$o_1 y_h$ 轴位于 $o_1 x_h$ 轴与地心矢量构成的平面内并垂直于 $o_1 x_h$ 轴，指向上方为正；$o_1 z_h$ 轴与 $o_1 x_h$ 轴、$o_1 y_h$ 轴构成右手直角坐标系。

5）再入坐标系——$e - x_e y_e z_e$，简记为 $[e]$

再入坐标系原点取再入时刻 HGV 的地心矢量与标准椭球表面的交点 e，ey_e 轴

17

沿地心 O_a 与 HGV 质心 o_1 的连线方向,指向飞行器质心 o_1 为正;ex_e 轴位于过 e 点的子午面内,且与 ey_e 轴垂直;ez_e 轴与 ex_e 轴、ey_e 轴构成右手直角坐标系。

6) 地理坐标系——o_1-$x_t y_t z_t$,简记为[t]

地理坐标系的坐标原点取 HGV 的质心 o_1,$o_1 y_t$ 轴位于地心 O_a 与 HGV 的质心 o_1 的连线上,指向为正;$o_1 x_t$ 轴与 $o_1 y_t$ 轴垂直,位于过再入飞行器质心 o_1 的子午面内,指向北极为正;$o_1 z_t$ 轴与 $o_1 x_t$ 轴、$o_1 y_t$ 轴构成右手直角坐标系。

7) 位置坐标系——o_1-$x_p y_p z_p$,简记为[p]

位置坐标系的坐标原点取 HGV 的质心 o_1,$o_1 x_p$ 轴方向为地心指向 HGV 质心方向;$o_1 y_p$ 轴位于赤道面内且垂直于 $o_1 x_p$,向东为正;$o_1 z_p$ 轴与 $o_1 x_p$ 轴、$o_1 y_p$ 轴构成右手直角坐标系。

2. 常用坐标系变换

1) 速度坐标系[v]与弹体坐标系[b]之间的坐标变换

由速度坐标系和弹体坐标系的定义可知,速度坐标系的 $o_1 x_v$ 轴与弹体坐标系的 $o_1 x_1$ 轴均位于 HGV 的主对称平面内,故可以采用两个欧拉角描述这两个坐标系之间的关系。如图 2.4 所示,将速度坐标系先绕 $o_1 y_1$ 轴按逆时针旋转欧拉角 β,再绕 $o_1 z_1$ 轴逆时针旋转欧拉角 α 即可与弹体坐标系重合。由图 2.4 可知,速度坐标系与弹体坐标系之间的坐标变换关系为

$$\begin{bmatrix} x_b \\ y_b \\ z_b \end{bmatrix} = \boldsymbol{C}_b^v \begin{bmatrix} x_v \\ y_v \\ z_v \end{bmatrix} = \begin{bmatrix} \cos\alpha\cos\beta & \sin\alpha & -\cos\alpha\sin\beta \\ -\sin\alpha\cos\beta & \cos\alpha & \sin\alpha\sin\beta \\ \sin\beta & 0 & \cos\beta \end{bmatrix} \begin{bmatrix} x_v \\ y_v \\ z_v \end{bmatrix} \quad (2.1.1)$$

式中:$\boldsymbol{C}_b^v$ 为速度坐标系与弹体坐标系之间的旋转矩阵;欧拉角 α 和 β 分别称为攻角和侧滑角。攻角是指 HGV 速度矢量在主对称平面内的投影与飞行器纵轴 $o_1 x_1$ 之间的夹角,当其投影在 $o_1 x_1$ 轴下方时,α 为正,反之为负。侧滑角 β 是指 HGV 速度矢量与主对称平面 $x_b o_1 y_b$ 间的夹角,顺着 $o_1 x_1$ 轴正向看去,当速度矢量在主对称平面右侧时,β 为正,反之为负。

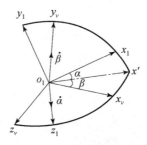

图 2.4 速度坐标系与弹体坐标系的关系

2) 半速度坐标系[h]与速度坐标系[v]之间的坐标变换

由半速度坐标系和速度坐标系的定义可知,半速度坐标系 o_1x_h 轴与速度坐标系 o_1x_v 轴重合,因此这两个坐标系之间只需要一个欧拉角即可以表示。如图 2.5 所示,将半速度坐标系绕 o_1x_h 轴逆时针旋转欧拉角 σ 即可与速度坐标系重合。由图 2.5 可知,半速度坐标系与速度坐标系之间的坐标转换关系为

$$\begin{bmatrix} x_v \\ y_v \\ z_v \end{bmatrix} = \boldsymbol{C}_v^h \begin{bmatrix} x_h \\ y_h \\ z_h \end{bmatrix} = \begin{bmatrix} 1 & 0 & 0 \\ 0 & \cos\sigma & \sin\sigma \\ 0 & -\sin\sigma & \cos\sigma \end{bmatrix} \begin{bmatrix} x_h \\ y_h \\ z_h \end{bmatrix} \quad (2.1.2)$$

式中:$\boldsymbol{C}_v^h$ 为半速度坐标系与速度坐标系之间的旋转矩阵;欧拉角 σ 为倾侧角,是指 o_1z_v 轴与平面 $x_vo_1z_v$ 之间的夹角,当轴位于 $x_vo_1z_v$ 平面下方时,σ 为正,反之为负。

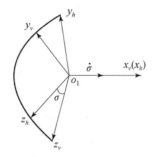

图 2.5 半速度坐标系与速度坐标系的关系

3) 地理坐标系[t]与半速度坐标系[h]之间的坐标变换

由地理坐标系和半速度坐标系的定义可知,半速度坐标系 o_1y_h 轴位于过 o_1y_t 轴的铅锤面内,故两者之间的转换关系可以用两个欧拉角加以描述。如图 2.6 所示,将地理坐标系先绕 o_1y_t 轴逆时针旋转欧拉角 $-\psi$,再绕 o_1z_h 轴逆时针旋转欧拉角 γ 即可与半速度坐标系重合。根据图 2.6,地理坐标系与半速度坐标系之间的坐标变换式为

$$\begin{bmatrix} x_h \\ y_h \\ z_h \end{bmatrix} = \boldsymbol{C}_h^t \begin{bmatrix} x_t \\ y_t \\ z_t \end{bmatrix} = \begin{bmatrix} \cos\gamma\cos\psi & \sin\gamma & \cos\gamma\sin\psi \\ -\sin\gamma\cos\psi & \cos\gamma & \sin\gamma\sin\psi \\ -\sin\psi & 0 & \cos\psi \end{bmatrix} \begin{bmatrix} x_t \\ y_t \\ z_t \end{bmatrix} \quad (2.1.3)$$

式中:$\boldsymbol{C}_h^t$ 为地理坐标系与半速度坐标系之间的旋转矩阵;欧拉角 γ 和 ψ 分别为航迹角和航向角。航迹角 γ 是指飞行器速度矢量与当地水平面 $x_to_1z_t$ 之间的夹角,当速度矢量位于水平面上方时,γ 为正,反之为负。航向角 ψ 是指飞行器速度矢量在当地水平面内的投影与正北方向的夹角,本书中取顺时针方向为正,逆时针方向为负。

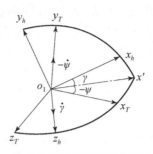

图 2.6 地理坐标系与半速度坐标系的关系

4) 再入坐标系 [e] 与地理坐标系 [t] 之间的坐标变换

根据再入坐标系和地理坐标系的定义和图 2.7 可知,再入坐标系和地理坐标系之间的转换关系需要用 3 个欧拉角来描述。首先将再入坐标系原点 e 以及地理坐标系原点 o_1 平移至地心 O_a,将再入坐标系绕 $O_a z_e$ 轴逆时针旋转角 ϕ_0,再绕地球自转轴逆时针旋转角 $\Delta\theta$,最后绕 $O_a z_t$ 轴顺时针旋转角 ϕ,即可与地理坐标系重合。由此可得再入坐标系与地理坐标系之间的坐标变换式:

$$\begin{bmatrix} x_t \\ y_t \\ z_t \end{bmatrix} = \boldsymbol{C}_t^e \begin{bmatrix} x_e \\ y_e \\ z_e \end{bmatrix} = \begin{bmatrix} c_{11} & c_{12} & c_{13} \\ c_{21} & c_{22} & c_{23} \\ c_{31} & c_{32} & c_{33} \end{bmatrix} \begin{bmatrix} x_e \\ y_e \\ z_e \end{bmatrix} \tag{2.1.4}$$

$$\begin{cases} c_{11} = \sin\phi\cos\Delta\theta\sin\phi_0 + \cos\phi\cos\phi_0, c_{12} = -\sin\phi\cos\phi_0\cos\Delta\theta + \cos\phi\sin\phi_0 \\ c_{13} = -\sin\phi\sin\Delta\theta, c_{21} = \cos\phi\cos\Delta\theta\sin\phi_0 + \sin\phi\cos\phi_0 \\ c_{22} = \cos\phi\cos\phi_0\cos\Delta\theta + \sin\phi\sin\phi_0, c_{23} = \cos\phi\sin\Delta\theta \\ c_{31} = \sin\Delta\theta\sin\phi_0, c_{32} = -\sin\Delta\theta\cos\phi_0, c_{33} = \cos\Delta\theta \end{cases} \tag{2.1.5}$$

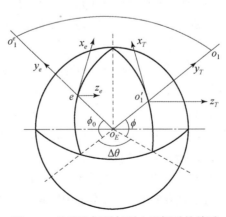

图 2.7 地理坐标系与再入坐标系的关系

式中：C_t^e 为再入坐标系与地理坐标系之间的方向余弦矩阵；ϕ_0 为飞行器再入时刻的纬度；ϕ 为飞行器当前时刻的纬度；$\Delta\theta = \theta - \theta_0$ 为飞行器当前时刻经度 θ 与再入时刻经度 θ_0 之差。

2.1.2 不考虑地球自转的再入运动方程

在一些轨迹优化的问题上，如果将地球自转考虑在内的话，往往会对优化精度以及速度带来一些难以解决的困难。而在此类问题中，忽略地球自转往往不会对优化问题产生较大的影响，因此在建立 HGV 再入段运动模型过程中可以不计地球自转[2-3]。

假设地球为标准圆球，忽略地球自转，忽略科里奥利力 F_c，认为 HGV 再入过程中主要受气动力和重力的影响。在惯性坐标系下，HGV 的三自由度质心动力学方程可以表示为

$$m \frac{d^2 r_{cm}}{dt^2} = R + mg \tag{2.1.6}$$

式中：m 为 HGV 的质量；r_{cm} 为 HGV 质心相对于惯性坐标系的地心矢量；R 和 mg 分别为作用在再入飞行器上的空气动力矢量和引力矢量。

将地心系选为 HGV 的参考坐标系可得

$$m \frac{dv}{dt} = m \frac{d^2 r}{dt^2} = R + mg \tag{2.1.7}$$

为了得到半速度坐标系下高超声速滑翔飞行器的再入动力学模型，需将上式各项投影到半速度坐标系中。

1. 地心距和经纬度变化率 $\dot{r}、\dot{\theta}、\dot{\phi}$ 的计算

根据地理坐标系的定义，地心矢量 r 可表示为

$$r = r y_t^0 \tag{2.1.8}$$

式中：y_t^0 为地理坐标系 $o_1 y_t$ 轴的单位矢量。

令地理坐标系相对于再入坐标系的转动角速度为 Ω_t，对式(2.1.8)关于时间 t 求导，可得

$$\frac{dr}{dt} = \frac{dr}{dt} y_t^0 + \frac{dy_t^0}{dt} r = \frac{dr}{dt} y_t^0 + \Omega_t \times r \tag{2.1.9}$$

由图 2.3 可得速度矢量 dr/dt 在地理坐标系的投影为

$$\frac{dr}{dt} = v = (v\cos\gamma\cos\psi) x_t^0 + (v\sin\gamma) y_t^0 + (v\cos\gamma\sin\psi) z_t^0 \tag{2.1.10}$$

由图 2.4 可得角速度 Ω_t 在地理坐标系的投影为

$$\Omega_t = \dot{\theta} + \dot{\phi} = (\dot{\theta}\cos\phi) x_t^0 + (\dot{\theta}\sin\phi) y_t^0 + (-\dot{\phi}) z_t^0 \tag{2.1.11}$$

将式(2.1.9)投影到地理坐标系,可得

$$\begin{bmatrix} v\cos\gamma\cos\psi \\ v\sin\gamma \\ v\cos\gamma\sin\psi \end{bmatrix} = \begin{bmatrix} 0 \\ \dot{r} \\ 0 \end{bmatrix} + \begin{bmatrix} \dot{\theta}\cos\phi \\ \dot{\theta}\sin\phi \\ -\dot{\phi} \end{bmatrix} \times \begin{bmatrix} 0 \\ r \\ 0 \end{bmatrix} \qquad (2.1.12)$$

求解方程(2.1.12)可以得到地心距及经纬度的变化率为

$$\begin{cases} \dot{r} = v\sin\gamma \\ \dot{\theta} = \dfrac{v\cos\gamma\sin\psi}{r\cos\phi} \\ \dot{\phi} = \dfrac{v\cos\gamma\cos\psi}{r} \end{cases} \qquad (2.1.13)$$

2. 相对加速度 $\mathrm{d}v/\mathrm{d}t$ 的计算

根据半速度坐标系的定义,相对速度矢量 v 可表示为以下形式:

$$\boldsymbol{v} = r\boldsymbol{x}_h^0 \qquad (2.1.14)$$

式中:$\boldsymbol{x}_h^0$ 为半速度坐标系 $o_1 x_h$ 轴的单位矢量。

令半速度坐标系相对于再入坐标系的转动角速度为 $\boldsymbol{\Omega}_h$,对式(2.1.14)关于时间 t 求导,可得

$$\frac{\mathrm{d}\boldsymbol{v}}{\mathrm{d}t} = \frac{\mathrm{d}v}{\mathrm{d}t}\boldsymbol{x}_h^0 + \frac{\mathrm{d}\boldsymbol{x}_h^0}{\mathrm{d}t}v = \frac{\mathrm{d}v}{\mathrm{d}t}\boldsymbol{x}_h^0 + \boldsymbol{\Omega}_h \times \boldsymbol{v} \qquad (2.1.15)$$

设半速度坐标系相对地理坐标系的转动角速度为 $\boldsymbol{\Omega}$,结合地理坐标系相对再入坐标系的转动角速度为 $\boldsymbol{\Omega}_t$,可得

$$\boldsymbol{\Omega}_h = \boldsymbol{\Omega} + \boldsymbol{\Omega}_t \qquad (2.1.16)$$

由图 2.3 可得角速度在半速度坐标系的投影为

$$\boldsymbol{\Omega} = \dot{\gamma} + (-\dot{\psi}) = (-\dot{\psi}\sin\gamma)\boldsymbol{x}_h^0 + (-\dot{\psi}\cos\gamma)\boldsymbol{y}_h^0 + \dot{\gamma}\boldsymbol{z}_h^0 \qquad (2.1.17)$$

结合地理坐标系与半速度坐标系之间的坐标变换关系式(2.1.3),可以得到角速度在半速度坐标系的投影为

$$\begin{bmatrix} \Omega_{tx_h} \\ \Omega_{ty_h} \\ \Omega_{tz_h} \end{bmatrix} = \begin{bmatrix} \cos\gamma\cos\psi & \sin\gamma & \cos\gamma\sin\psi \\ -\sin\gamma\cos\psi & \cos\gamma & -\sin\gamma\sin\psi \\ -\sin\psi & 0 & \cos\psi \end{bmatrix} \cdot \begin{bmatrix} \dot{\theta}\cos\phi \\ \dot{\theta}\sin\phi \\ -\dot{\phi} \end{bmatrix} \qquad (2.1.18)$$

将式(2.1.17)和式(2.1.18)代入式(2.1.16),可以得到角速度 $\boldsymbol{\Omega}_h$ 在半速度坐标系中的投影,具体形式如下:

$$\begin{bmatrix} \Omega_{hx_h} \\ \Omega_{hy_h} \\ \Omega_{hz_h} \end{bmatrix} = \begin{bmatrix} \dot{\theta}(\cos\gamma\cos\psi\cos\phi + \sin\gamma\sin\phi) - \dot{\phi}\cos\gamma\sin\psi - \dot{\psi}\sin\gamma \\ \dot{\theta}(-\sin\gamma\cos\psi\cos\phi + \cos\gamma\sin\phi) + \dot{\phi}\sin\gamma\sin\psi - \dot{\psi}\cos\gamma \\ -\dot{\theta}\sin\psi\cos\phi - \dot{\phi}\cos\psi + \dot{\gamma} \end{bmatrix} \qquad (2.1.19)$$

将式(2.1.13)代入式(2.1.19)可得

$$\begin{cases} \Omega_{hx_h} = -\dot{\psi}\sin\gamma + (v\tan\phi\sin\gamma\cos\gamma\sin\psi)/r \\ \Omega_{hy_h} = -\dot{\psi}\cos\gamma + (v\tan\phi\cos^2\gamma\sin\psi)/r \\ \Omega_{hz_h} = \dot{\gamma} - (v\cos\gamma)/r \end{cases} \quad (2.1.20)$$

将式(2.1.15)投影到半速度坐标系可得

$$\frac{d\boldsymbol{v}}{dt} = \begin{bmatrix} \dot{v} \\ 0 \\ 0 \end{bmatrix} + \begin{bmatrix} \Omega_{hx_h} \\ \Omega_{hy_h} \\ \Omega_{hz_h} \end{bmatrix} \times \begin{bmatrix} v \\ 0 \\ 0 \end{bmatrix} = \begin{bmatrix} \dot{v} \\ v[\dot{\gamma} - (v\cos\gamma)/r] \\ -\dot{v}[-\dot{\psi}\cos\gamma + (v\tan\phi\cos^2\gamma\sin\psi)/r] \end{bmatrix}$$

$$(2.1.21)$$

3. 空气动力 $\boldsymbol{R}$ 的计算

取空气动力在速度坐标系中的投影为气动阻力 F_D、气动升力 F_L 和侧向力 F_Z,假设滑翔飞行器在整个再入飞行过程中,侧滑角 β 保持为零,因此侧向力 $F_Z = 0$。结合速度坐标系与半速度坐标系之间的坐标变换式(2.1.2),可得空气动力 $\boldsymbol{R}$ 在半速度坐标系的投影为

$$\boldsymbol{R} = \begin{bmatrix} R_{tx_h} \\ R_{ty_h} \\ R_{tz_h} \end{bmatrix} = (\boldsymbol{C}_v^h)^\mathrm{T} \begin{bmatrix} -F_D \\ F_L \\ F_Z \end{bmatrix} = \begin{bmatrix} -F_D \\ F_L\cos\sigma \\ F_L\sin\sigma \end{bmatrix} \quad (2.1.22)$$

4. 地球引力加速度 $\boldsymbol{g}$ 的计算

在前文假设了地球为标准圆球体并且忽略其自转,因此地球引力加速度只存在于径向 r 上,所以地球引力加速度为

$$\boldsymbol{g}_r = \begin{bmatrix} -g \\ 0 \\ 0 \end{bmatrix} \quad (2.1.23)$$

在式(2.1.23)中引力加速度在径向 r 上的分量 $g_r = -\mu/r^2$。

5. 半速度坐标系下再入动力学方程

将式(2.1.21)、式(2.1.22)和式(2.1.23)代入式(2.1.7)可得

$$m\begin{bmatrix} \dot{v} \\ v(\dot{\gamma} - v\cos\gamma/r) \\ -\dot{v}(-\dot{\psi}\cos\gamma + v\tan\phi\cos^2\gamma\sin\psi/r) \end{bmatrix} = \begin{bmatrix} -F_D \\ F_L\cos\sigma \\ F_L\sin\sigma \end{bmatrix} + m\begin{bmatrix} -g \\ 0 \\ 0 \end{bmatrix} \quad (2.1.24)$$

结合式(2.1.23)和式(2.1.24)即可得到在半速度坐标系下不考虑地球自转的高超声速滑翔飞行器的再入运动方程,即

$$\begin{cases} \dot{r} = v\sin\gamma \\ \dot{\theta} = \dfrac{v\cos\gamma\sin\psi}{r\cos\phi} \\ \dot{\phi} = \dfrac{v\cos\gamma\cos\psi}{r} \\ \dot{v} = -D - g_r\sin\gamma \\ \dot{\gamma} = \dfrac{1}{v}\left[L\cos\sigma + \left(\dfrac{v^2}{r} - g_r\right)\cos\gamma\right] \\ \dot{\psi} = \dfrac{1}{v}\left(\dfrac{L\sin\sigma}{\cos\gamma} + \dfrac{v^2}{r}\tan\phi\cos\gamma\sin\psi\right) \end{cases} \quad (2.1.25)$$

2.1.3 考虑地球自转的再入运动方程

在实际的建模过程中,地球自转对于飞行器的运动有着一定的影响,因此,如果要进行精确建模,必须要考虑地球自转所带来的科里奥利力。

根据牛顿第二定律以及再入飞行假设,惯性坐标系下 HGV 的三自由度质心动力学方程的矢量形式可表示为

$$m\dfrac{d^2 \boldsymbol{r}_{cm}}{dt^2} = m\dfrac{d\boldsymbol{v}_{cm}}{dt} + \boldsymbol{R} + m\boldsymbol{g} \quad (2.1.26)$$

式中:$\boldsymbol{v}_{cm}$ 为再入飞行器质心相对惯性坐标系的速度矢量。

取再入坐标系 $e - x_e y_e z_e$ 为参考坐标系,考虑到再入坐标系为动坐标系,其相对于惯性坐标系以地球自转角速度 ω_e 转动,若将再入飞行器质心相对惯性坐标系的加速度 $d^2\boldsymbol{r}_{cm}/dt^2$ 换成相对于再入坐标系的相对加速度 $d^2\boldsymbol{r}/dt^2$,则应在式(2.1.26)右侧加上因地球自转引起的牵引惯性力 $\boldsymbol{F}_e$ 和科里奥利力 $\boldsymbol{F}_c$,即

$$m\dfrac{d^2 \boldsymbol{r}}{dt^2} = m\dfrac{d\boldsymbol{v}}{dt} + \boldsymbol{R} + m\boldsymbol{g} + \boldsymbol{F}_e + \boldsymbol{F}_c \quad (2.1.27)$$

式中:r 和 v 分别为再入飞行器质心相对再入坐标系的地心矢量和速度矢量。

为得到半速度坐标系下高超声速滑翔飞行器的再入动力学方程,需将式(2.1.27)各项投影到半速度坐标系中。此外,由于地心距和经纬度变化率 $\dot{r}$、$\dot{\theta}$、$\dot{\phi}$、相对加速度 $d\boldsymbol{v}/dt$ 以及空气动力 $\boldsymbol{R}$ 的计算和 2.1.2 节相同,因此这里不再进行详细推导,直接给出相应的公式:

1)地心距和经纬度变化率 $\dot{r}$、$\dot{\theta}$、$\dot{\phi}$

$$\begin{cases} \dot{r} = v\sin\gamma \\ \dot{\theta} = \dfrac{v\cos\gamma\sin\psi}{r\cos\phi} \\ \dot{\phi} = \dfrac{v\cos\gamma\cos\psi}{r} \end{cases} \quad (2.1.28)$$

2) 相对加速度 $d\boldsymbol{v}/dt$

$$\frac{d\boldsymbol{v}}{dt} = \begin{bmatrix} \dot{v} \\ 0 \\ 0 \end{bmatrix} + \begin{bmatrix} \Omega_{hx_h} \\ \Omega_{hy_h} \\ \Omega_{hz_h} \end{bmatrix} \times \begin{bmatrix} v \\ 0 \\ 0 \end{bmatrix} = \begin{bmatrix} \dot{v} \\ v[\dot{\gamma} - (v\cos\gamma)/r] \\ -\dot{v}[-\dot{\psi}\cos\gamma + (v\tan\phi\cos^2\gamma\sin\psi)/r] \end{bmatrix}$$

(2.1.29)

3) 空气动力 $\boldsymbol{R}$ 的计算

$$\boldsymbol{R} = \begin{bmatrix} R_{tx_h} \\ R_{ty_h} \\ R_{tz_h} \end{bmatrix} = (\boldsymbol{C}_v^h)^T \begin{bmatrix} -F_D \\ F_L \\ F_Z \end{bmatrix} = \begin{bmatrix} -F_D \\ F_L\cos\sigma \\ F_L\sin\sigma \end{bmatrix}$$

(2.1.30)

4) 地球引力 $m\boldsymbol{g}$ 的计算

高超声速滑翔飞行器再入飞行过程中,采用 IAG-74 正常椭球体地球模型,则地球引力加速度沿径向 r 和地球自转轴 $\boldsymbol{\omega}_e$ 方向上的分量大小可表示为

$$\begin{cases} g_r = -\dfrac{\mu}{r^2} + \dfrac{\mu_E}{r^4}(5\sin^2\phi - 1) \\ g_{\omega_e} = -\dfrac{2\mu_E}{r^4}\sin\phi \end{cases}$$

(2.1.31)

式中:$\mu = 3.986005 \times 10^{14} \mathrm{m}^3/\mathrm{s}^2$ 为地心引力常数;$\mu_E = 26.33281 \times 10^{24} \mathrm{m}^5/\mathrm{s}^2$。又因为 g_r 在地理坐标系中的投影为 $[0, g_r, 0]^T$,g_{ω_e} 在地理坐标系中的投影为 $[g_{\omega_e}\cos\phi, g_{\omega_e}\sin\phi, 0]^T$,结合地理坐标系与半速度坐标系之间的坐标变换式(2.1.3),可得地球引力 $m\boldsymbol{g}$ 在半速度坐标系的投影为

$$m\boldsymbol{g} = mC_h^t \begin{bmatrix} g_{\omega_e}\cos\phi \\ g_r + g_{\omega_e}\sin\phi \\ 0 \end{bmatrix} = \begin{bmatrix} mg_{\omega_e}(\cos\phi\cos\gamma\cos\psi + \sin\phi\sin\gamma) + mg_r\sin\gamma \\ mg_{\omega_e}(\sin\phi\cos\gamma - \cos\phi\sin\gamma\cos\psi) + mg_r\cos\gamma \\ -mg_{\omega_e}\cos\phi\sin\psi \end{bmatrix}$$

(2.1.32)

5) 牵引惯性力 $\boldsymbol{F}_e$ 的计算

再入坐标系下牵引惯性力 $\boldsymbol{F}_e$ 和牵引加速度 $\boldsymbol{a}_e$ 可表示为

$$\boldsymbol{F}_e = -m\boldsymbol{a}_e, \quad \boldsymbol{a}_e = \boldsymbol{\omega}_e \times (\boldsymbol{\omega}_e \times \boldsymbol{r})$$

(2.1.33)

由于 $\boldsymbol{\omega}_e$、$\boldsymbol{r}$ 在地理坐标系中的投影分别为 $[\omega_e\cos\phi, \omega_e\sin\phi, 0]^T$、$[0, r, 0]^T$,结合地理坐标系与半速度坐标系之间的坐标变换式(2.1.3)可得牵引惯性力 $\boldsymbol{F}_e$ 在半速度坐标系的投影为

$$F_e = mC_h^t \begin{bmatrix} -\omega_e^2 r\cos\phi\sin\phi \\ \omega_e^2 r\cos^2\phi \\ 0 \end{bmatrix} = \begin{bmatrix} -m\omega_e^2 r(\cos\phi\sin\phi\cos\gamma\cos\psi - \cos^2\phi\sin\gamma) \\ m\omega_e^2 r(\cos\phi\sin\phi\sin\gamma\cos\psi + \cos^2\phi\cos\gamma) \\ m\omega_e^2 r\cos\phi\sin\phi\sin\psi \end{bmatrix}$$

(2.1.34)

6) 科里奥利力 F_c 的计算

再入坐标系下科里奥利力 F_c 和科氏加速度 a_c 可表示为

$$F_c = -ma_c, \quad a_c = 2\omega_e \times v \tag{2.1.35}$$

因为 ω_e 在半速度坐标系下的投影为 $C_h^t[\omega_e\cos\phi, \omega_e\sin\phi, 0]^T$，$v$ 在半速度坐标系下的投影为 $[v, 0, 0]^T$，结合坐标变换式(2.1.3)，可得科里奥利力 F_c 在半速度坐标系下的投影为

$$F_c = -m\left(2C_h^t \begin{bmatrix} \omega_e\cos\phi \\ \omega_e\sin\phi \\ 0 \end{bmatrix}\right) \times \begin{bmatrix} v \\ 0 \\ 0 \end{bmatrix} = \begin{bmatrix} 0 \\ 2mv\omega_e\cos\phi\sin\psi \\ -2mv\omega_e(\cos\phi\sin\gamma\cos\psi - \sin\phi\cos\gamma) \end{bmatrix}$$

(2.1.36)

7) 半速度坐标系下再入动力学方程

将式(2.1.29)、式(2.1.30)、式(2.1.32)、式(2.1.34)和式(2.1.36)代入式(2.1.27)可得

$$m\begin{bmatrix} \dot{v} \\ v(\dot{\gamma} - v\cos\gamma/r) \\ -v(-\dot{\psi}\cos\gamma + v\tan\phi\cos^2\gamma\sin\psi/r) \end{bmatrix} = \begin{bmatrix} -F_D \\ F_L\cos\sigma \\ F_L\sin\sigma \end{bmatrix} + mC_h^t \begin{bmatrix} g_{\omega_e}\cos\phi \\ g_r + g_{\omega_e}\sin\phi \\ 0 \end{bmatrix}$$

$$+ mC_h^t \begin{bmatrix} -\omega_e^2 r\cos\phi\sin\phi \\ \omega_e^2 r\cos^2\phi \\ 0 \end{bmatrix} - m\left(2C_h^t \begin{bmatrix} \omega_e\cos\phi \\ \omega_e\sin\phi \\ 0 \end{bmatrix}\right) \times \begin{bmatrix} v \\ 0 \\ 0 \end{bmatrix}$$

(2.1.37)

结合式(2.1.28)和式(2.1.37)即可得到半速度坐标系下滑翔飞行器再入运动方程，即

$$\begin{cases} \dfrac{dr}{dt} = v\sin\gamma \\ \dfrac{d\theta}{dt} = \dfrac{v\cos\gamma\sin\psi}{r\cos\phi} \\ \dfrac{d\phi}{dt} = \dfrac{v\cos\gamma\sin\psi}{r} \end{cases}$$

$$\begin{cases}
\dfrac{\mathrm{d}v}{\mathrm{d}t} = -D + g_r\sin\gamma + g_{\omega_e}(\cos\phi\cos\gamma\cos\psi + \sin\phi\sin\gamma) \\
\qquad\quad - \omega_e^2 r\cos\phi(\sin\phi\cos\gamma\cos\psi - \cos\phi\sin\gamma) \\
\dfrac{\mathrm{d}\gamma}{\mathrm{d}t} = \dfrac{1}{v}\left[L\cos\sigma + \dfrac{v^2\cos\gamma}{r} + g_r\cos\gamma + g_{\omega_e}(\sin\phi\cos\gamma - \cos\phi\sin\gamma\cos\psi)\right. \\
\qquad\quad \left. + \omega_e^2 r\cos\phi(\sin\phi\sin\gamma\cos\psi + \cos\phi\cos\gamma) + 2\omega_e v\cos\phi\sin\psi\right] \\
\dfrac{\mathrm{d}\psi}{\mathrm{d}t} = \dfrac{1}{v}\left[\dfrac{L\sin\sigma}{\cos\gamma} + \dfrac{v^2}{r}\tan\phi\cos\gamma\sin\psi - \dfrac{g_{\omega_e}}{\cos\gamma}\cos\phi\sin\psi\right. \\
\qquad\quad \left. + \dfrac{\omega_e^2 r}{\cos\gamma}\cos\phi\sin\phi\sin\psi - 2\omega_e v(\cos\phi\tan\gamma\cos\psi - \sin\phi)\right]
\end{cases}$$
(2.1.38)

式中:r、θ 和 ϕ 分别为飞行器的地心距、经度和纬度;v 为飞行器相对地球的运动速度;γ 为飞行航迹角,旨在描述飞行器速度矢量与当地水平面的夹角;ψ 为飞行航向角,旨在描述飞行器速度矢量在当地水平面的投影与正北方向的夹角,本书取顺时针方向为正;m 为飞行器质量;σ 为倾侧角;ω_e 为地球自转角速率;g_r 和 g_{ω_e} 分别为引力加速度沿径向和地球自转轴方向的分量;L 和 D 分别为气动升力加速度和气动阻力加速度,具体可表示为

$$L = \dfrac{C_L\rho(h)v^2 S_r}{2m}, \quad D = \dfrac{C_D\rho(h)v^2 S_r}{2m} \qquad (2.1.39)$$

式中:S_r 为再入飞行器的最大横截面积;C_L、C_D 分别为再入飞行器气动升力系数和阻力系数,为攻角 α 和马赫数的函数;$\rho(h)$ 为大气密度。

2.1.4 其他形式的再入运动方程

2.1.4.1 无量纲形式再入运动方程

在高超声速滑翔飞行器再入过程中,飞行条件恶劣,飞行状态变化十分剧烈,并且各状态变量的绝对值存在数量级上的差距,因此为提高数值积分的计算精度、轨迹优化算法及再入制导算法的收敛性能,有必要将滑翔飞行器再入运动方程(2.1.38)无量纲化。此外,计算表明,相比地球自转而言,地球扁率对滑翔飞行器再入运动的影响相对较小,可近似忽略不计。因此滑翔飞行器再入运动方程的无量纲化过程中采用旋转圆球体地球模型,此时引力加速度的大小为 $g = \mu/r^2$。

引入无量纲时间 τ、地心距 $\bar{r}$、速度 $\bar{v}$、加速度 $\bar{g}$、地球自转角速度 $\bar{\omega}_e$ 以及无量纲质量 $\bar{m}$ 如下:

$$\begin{cases} \tau = t/\sqrt{R_0/g_0}, & \bar{r} = r/R_0, \\ \bar{v} = v/\sqrt{g_0 R_0}, & \bar{g} = g/g_0, \\ \bar{\omega}_e = \omega_e/\sqrt{g_0/R_0}, & \bar{m} = m/m_0 \end{cases} \quad (2.1.40)$$

式中:$R_0 = 6371000\text{m}$ 为地球平均半径;$g_0 = 9.81\text{m/s}^2$ 为地球表面平均引力加速度;m_0 为飞行器初始质量。在高超声速滑翔飞行器再入过程中,一般认为 $m \equiv m_0$,因此 $\bar{m} = 1$。

将式(2.1.40)代入式(2.1.38),可得高超声速滑翔飞行器三自由度无量纲形式的再入运动方程:

$$\begin{cases} \dfrac{d\bar{r}}{d\tau} = \bar{v}\sin\gamma \\[2pt] \dfrac{d\theta}{d\tau} = \dfrac{\bar{v}\cos\gamma\sin\psi}{\bar{r}\cos\phi} \\[2pt] \dfrac{d\phi}{d\tau} = \dfrac{\bar{v}\cos\gamma\cos\psi}{\bar{r}} \\[2pt] \dfrac{d\bar{v}}{d\tau} = -\bar{D} - \bar{g}\dfrac{\sin\gamma}{\bar{r}^2} + \bar{\omega}_e^2 \bar{r}\cos\phi(\cos\phi\sin\gamma - \sin\phi\cos\gamma\cos\psi) \\[2pt] \dfrac{d\gamma}{d\tau} = \dfrac{1}{\bar{v}}\Big[\bar{L}\cos\sigma + \Big(\bar{v}^2 - \dfrac{1}{\bar{r}}\Big)\dfrac{\cos\gamma}{\bar{r}} + 2\bar{\omega}_e \bar{v}\cos\phi\sin\psi \\[2pt] \qquad\qquad + \bar{\omega}_e^2 \bar{r}\cos\phi(\sin\phi\sin\gamma\cos\psi + \cos\phi\cos\gamma)\Big] \\[2pt] \dfrac{d\psi}{d\tau} = \dfrac{1}{\bar{v}}\Big[\dfrac{\bar{L}\sin\sigma}{\cos\gamma} + \dfrac{\bar{v}^2}{\bar{r}}\tan\phi\cos\gamma\sin\psi + \dfrac{\bar{\omega}_e^2 \bar{r}}{\cos\gamma}\cos\phi\sin\phi\sin\psi \\[2pt] \qquad\qquad - 2\bar{\omega}_e \bar{v}(\cos\phi\tan\gamma\cos\psi - \sin\phi)\Big] \end{cases} \quad (2.1.41)$$

式中:$\bar{L}$ 和 $\bar{D}$ 分别为无量纲再入飞行器气动升力系数和阻力系数,具体可以表示为以下形式:

$$\bar{L} = \frac{C_L \rho(h)\bar{v}^2 R_0 S_r}{2m}, \quad \bar{D} = \frac{C_D \rho(h)\bar{v}^2 R_0 S_r}{2m} \quad (2.1.42)$$

2.1.4.2 能量为自变量的再入运动方程

HGV 三自由度再入运动方程一般以时间为自变量,但是飞行时间往往无法事先获得,这给弹道方程的积分带来了一定的困难。因此可以建立以能量为自变量的再入动力学模型[4]。在这里引入能量形式的无量纲变量:

$$e = \frac{1}{\bar{r}} - \frac{\bar{v}^2}{2} \qquad (2.1.43)$$

对能量关于时间进行求导并简化可得

$$\dot{e} = \overline{D}\bar{v} \qquad (2.1.44)$$

从式(2.1.44)中可以看出$\dot{e} > 0$,因此能量是单调递增的,在不考虑地球自转的条件下,建立以能量为自变量的无量纲三自由度再入运动方程：

$$\begin{cases} \dfrac{\mathrm{d}r}{\mathrm{d}e} = \dfrac{\sin\gamma}{\overline{D}} \\[2mm] \dfrac{\mathrm{d}\theta}{\mathrm{d}e} = \dfrac{\cos\gamma\sin\psi}{\overline{D}\,\bar{r}\cos\phi} \\[2mm] \dfrac{\mathrm{d}\phi}{\mathrm{d}e} = \dfrac{\cos\gamma\cos\psi}{\overline{D}\bar{r}} \\[2mm] \dfrac{\mathrm{d}\gamma}{\mathrm{d}e} = \left[\overline{L}\cos\sigma + \left(\bar{v}^2 - \dfrac{1}{\bar{r}}\right)\dfrac{\cos\gamma}{\bar{r}}\right]\dfrac{1}{\overline{D}\bar{v}^2} \\[2mm] \dfrac{\mathrm{d}\psi}{\mathrm{d}e} = \left(\overline{L}\sin\sigma + \dfrac{\bar{v}^2}{\bar{r}}\cos\gamma\sin\psi\tan\phi\right)\dfrac{1}{\overline{D}\bar{v}^2} \end{cases} \qquad (2.1.45)$$

式中的无量纲参数和2.1.4.1节中的无量纲参数相同。

2.2 气动参数模型

再入飞行过程中,高超声速滑翔飞行器主要利用气动力在大气层进行远距离滑翔,并且受到气动力以及过载、动压、热流率等过程约束影响,使得再入轨迹优化成为一个极具挑战性的问题。由于再入过程复杂,气动升力、阻力会影响到再入过程中飞行器速度、高度、航向角、航迹角的变化,进一步影响飞行器再入过程中的热流率、动压和过载变化。因此,建立精确的高超声速滑翔飞行器再入气动系数模型,对研究高超声速滑翔飞行器再入轨迹优化,具有较大的理论意义与应用价值。

2.2.1 单一攻角模型

在早期的高超声速滑翔飞行器再入轨迹优化问题的研究中,由于计算机计算能力等客观条件的限制,一般采用只考虑攻角影响的较为简单的气动系数模型。基于空气热力学外形的通用大气飞行器(common aero vehicle,CAV)成为再入轨迹优化问题中的常用研究对象。在此外形的基础上,美国波音公司和洛克希德·马丁公司分别设计了CAV-L飞行器和CAV-H飞行器,最大升阻比分别约为2.5

和 3.5。这里以 CAV－H 飞行器为主要研究对象，CAV－L 飞行器的研究方法相似。表 2.1、表 2.2 和表 2.3 分别罗列出了 CAV－H 飞行器的升力系数、阻力系数和升阻比。

表 2.1 CAV－H 飞行器升力系数

攻角	Ma						
	3.5	5	8	10	15	20	23
10°	0.4500	0.4250	0.4000	0.3800	0.3700	0.3600	0.3500
15°	0.7400	0.7000	0.6700	0.6300	0.6000	0.5700	0.5570
20°	1.0500	1.0000	0.9500	0.9000	0.8500	0.8000	0.7800

表 2.2 CAV－H 飞行器阻力系数

攻角	Ma						
	3.5	5	8	10	15	20	23
10°	0.2045	0.1700	0.1290	0.1090	0.1090	0.1090	0.1090
15°	0.2960	0.2630	0.2240	0.1970	0.1950	0.1920	0.1920
20°	0.4770	0.4230	0.3540	0.3100	0.3050	0.3000	0.3000

表 2.3 CAV－H 飞行器升阻比

攻角	Ma						
	3.5	5	8	10	15	20	23
10°	2.2000	2.5000	3.1000	3.5000	3.3846	3.2696	3.2000
15°	2.5000	2.6616	2.9846	3.2000	3.0846	2.9692	2.9000
20°	2.2000	2.3616	2.6846	2.9000	2.7846	2.6692	2.6000

图 2.8 和图 2.9 展示的分别为升力系数和阻力系数随攻角变化的情况，从图中可以看出升力系数与攻角近似为线性关系，阻力系数与攻角近似为二次函数的关系。但是由于数据点离散度较大，不能简单地认为升力系数、阻力系数与攻角呈线性关系。图 2.10 和图 2.11 分别为升力系数和阻力系数随马赫数的变化情况，从图中可以明显看出，升力系数和阻力系数随马赫数的增加而减小，当马赫数大于 10 以后，升力系数和阻力系数的下降趋势变得比较平缓。利用二次函数或者负指数幂的形式可以较好地呈现升力系数和阻力系数与马赫数之间的关系。

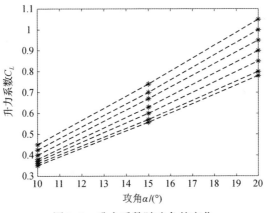

图 2.8　升力系数随攻角的变化

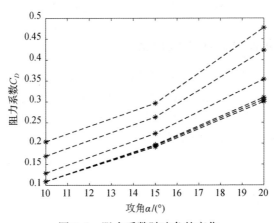

图 2.9　阻力系数随攻角的变化

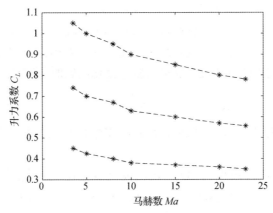

图 2.10　升力系数随马赫数的变化

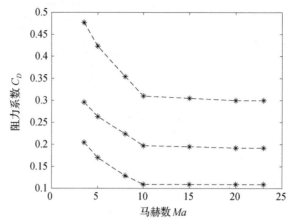

图 2.11 阻力系数随马赫数的变化

2.2.2 攻角速度二次函数模型

在 2.2.1 节中,对单一攻角模型的建立进行了讨论,但是从表 2.1~表 2.3 中可以看出影响飞行器升力系数和阻力系数的不只有攻角,马赫数的变换也会对其产生很大的影响。因此,只考虑攻角带来的影响会对气动系数模型的拟合精度带来很大的影响。本节我们着重探讨综合攻角和马赫数共同影响的拟合模型。

下面考虑用二元二次多项式形式的模型对 CAV-H 飞行器气动系数进行拟合[5],具体的模型如下所示:

$$\begin{cases} C_L(\alpha, Ma) = a_0 + a_1 Ma + a_2 Ma^2 + a_3\alpha + a_4\alpha^2 \\ C_D(\alpha, Ma) = b_0 + b_1 Ma + b_2 Ma^2 + b_3\alpha + b_4\alpha^2 \end{cases} \quad (2.2.1)$$

式中:C_L,C_D 分别为升力系数和阻力系数;α 为攻角;Ma 为马赫数;a_i、b_i 分别为升力系数、阻力系数拟合模型中的待辨识参数,其中 $i = 0,1,2,3,4$。

高超声速滑翔飞行器一般具有高升阻比的气动外形,且升阻比越大,机动性能越好。在研究高超声速滑翔飞行器再入轨迹优化问题时,升阻比 η 计算如下:

$$\eta = \frac{C_L}{C_D} \quad (2.2.2)$$

利用表 2.2 和表 2.3 中的数据对上述模型进行参数拟合可以得到相应的参数:

$$[a_0, a_1, a_2, a_3, a_4]^T = [0.11139, -0.019871, 4.161 \times 10^{-4}, 2.2991, 1.2292]^T$$

$$[b_0, b_1, b_2, b_3, b_4]^T = [0.23462, -0.02421, 7.089 \times 10^{-4}, -0.17481, 2.7251]^T$$

2.2.3 攻角速度幂指数模型

除了可以使用二元二次多项式形式的模型对 CAV – H 飞行器气动系数进行拟合，同样也可以采用攻角和马赫数负指数幂的形式进行拟合[6]：

$$\begin{cases} C_L(\alpha,Ma) = C_{L0} + C_{L1}\alpha + C_{L2}e^{C_{L3}Ma} \\ C_D(\alpha,Ma) = C_{D0} + C_{D1}\alpha^2 + C_{D2}e^{C_{D3}Ma} \end{cases} \quad (2.2.3)$$

式中：C_{Li}、C_{Di} 分别为升力系数、阻力系数拟合模型的待辨识参数，其中 $i=0,1,2,3$。

利用表 2.2 和表 2.3 中的数据对模型进行参数辨识可以得到相应的模型参数：

$$[C_{L0}, C_{L1}, C_{L2}, C_{L3}]^T = [-0.2335, 2.9451, 0.2949, -3.3943 \times 10^{-4}]^T$$

$$[C_{D0}, C_{D1}, C_{D2}, C_{D3}]^T = [0.0234, 2.3795, 0.3983, -1.0794 \times 10^{-4}]^T$$

2.3 飞行约束

2.3.1 控制量约束

由高超声速滑翔飞行器三自由度再入运动方程(2.1.38)可知，攻角 α 和倾侧角 σ 为飞行器再入过程中的控制变量。由于再入飞行器执行机构的控制能力有限，攻角 α 以及攻角变化率 $\dot{\alpha}$，倾侧角 σ 以及倾侧角变化率 $\dot{\sigma}$ 均要限制在一定的范围之内。因此，控制量约束可以表示为以下形式：

$$\begin{cases} \alpha_{\min} \leqslant |\alpha| \leqslant \alpha_{\max} \\ \sigma_{\min} \leqslant |\sigma| \leqslant \sigma_{\max} \\ |\dot{\alpha}| \leqslant |\dot{\alpha}|_{\max} \\ |\dot{\sigma}| \leqslant |\dot{\sigma}|_{\max} \end{cases} \quad (2.3.1)$$

式中：$\alpha_{\min}$、$\alpha_{\max}$ 分别为最小攻角和最大攻角；$\sigma_{\min}$、$\sigma_{\max}$ 分别为最小倾侧角和最大倾侧角；$|\dot{\alpha}|_{\max}$、$|\dot{\sigma}|_{\max}$ 分别为攻角和倾侧角变化率的最大值。

2.3.2 路径约束

2.3.2.1 阻力加速度再入飞行走廊

高超声速滑翔飞行器再入过程中，飞行速度快，飞行状态变化剧烈，为确保飞行器的安全飞行，必须综合考虑驻点热流率约束 $\dot{Q}_{\max}$、过载约束 $a_{\max}$ 及动压约束 $q_{\max}$。此外，为避免再入轨迹出现振荡型跳跃现象，引入准平衡滑翔约束作为再入轨迹优化过程中的软约束。故再入飞行过程中的路径约束可表示为

$$\begin{cases} \dot{Q} = \dfrac{K_1}{\sqrt{R_d}}\sqrt{\rho}v^{3.15} \leqslant \dot{Q}_{\max} \\ a = \sqrt{L^2 + D^2} \leqslant a_{\max} \\ q = \dfrac{1}{2}\rho v^2 \leqslant q_{\max} \\ L\cos\sigma_{\mathrm{QEGC}} + \dfrac{v^2}{r} - g = 0 \end{cases} \quad (2.3.2)$$

式中:K_1 为与飞行器结构特性相关的常数;R_d 为飞行器头部曲率半径;ρ 为当前大气密度;$g = \mu/r^2$ 为地球引力加速度的大小;σ_{QEGC} 为准平衡滑翔条件下的倾侧角。

HGV 再入过程要求满足热流、过载、动压等约束,它们往往将再入飞行轨迹限制在一个范围内,即再入飞行走廊。再入飞行走廊是考虑各种轨迹约束的可行飞行区域,通过构建再入飞行走廊,可以在相应的参数平面内绘制再入过程主要约束,为标称轨迹规划提供直观的限制范围。当飞行方案确定后,再入飞行走廊的位置与飞行器气动特性、各种约束的大小有关。

结合式(2.1.39),将路径约束(2.3.2)转化为阻力加速度约束

$$\begin{cases} D(v) \leqslant D_{\dot{Q}_{\max}}, & D_{\dot{Q}_{\max}} = \dfrac{C_D S_r}{2m}\dfrac{R_d}{K_1^2}(v^{4.3}\dot{Q}_{\max}) \\ D(v) \leqslant D_{a_{\max}}, & D_{a_{\max}} = \dfrac{a_{\max}}{\sqrt{(C_L/C_D)^2 + 1}} \\ D(v) \leqslant D_{q_{\max}}, & D_{q_{\max}} = \dfrac{C_D S_r q_{\max}}{m} \\ D(v) \geqslant D_{\mathrm{QEGC}}, & D_{\mathrm{QEGC}} = \dfrac{C_D}{C_L}\dfrac{1}{\cos\sigma_{\mathrm{QEGC}}}\left(g - \dfrac{v^2}{r}\right) \end{cases} \quad (2.3.3)$$

由此可得阻力加速度-速度剖面的再入飞行走廊,即 D-V 再入飞行走廊

$$D_{\mathrm{QEGC}} \leqslant D(v) \leqslant \min(D_{\dot{Q}_{\max}}, D_{a_{\max}}, D_{q_{\max}}) \quad (2.3.4)$$

式中:$D_{\dot{Q}_{\max}}$、$D_{a_{\max}}$、$D_{q_{\max}}$ 分别为对应于最大热流率、最大过载和最大动压的阻力加速度;D_{QEGC} 为对应于拟平衡滑翔条件的阻力加速度。

2.3.2.2 高度速度再入飞行走廊

当给定再入飞行的路径约束条件后,结合大气密度公式,即可设计出高度速度再入飞行走廊。路径约束为式(2.3.2),大气密度采用指数形式,如式(2.3.5)所示

$$\rho(h) = \mathrm{e}^{-\frac{H}{H_s}} \quad (2.3.5)$$

式中：$H_s = 7100\text{m}$。

结合式(2.3.2)、式(2.3.5)可以得到最大驻点热流高度、最大法向过载高度以及最大动压约束高度，具体如式(2.3.6)所示：

$$\begin{cases} H(v) \geqslant H_{\dot{Q}}(v), & H_{\dot{Q}}(v) = -H_s \ln\left(\dfrac{2\dot{Q}_{\max}}{K^2 \rho_0 v^{6.3}}\right) \\ H(v) \geqslant H_q(v), & H_q(v) = -H_s \ln\left(\dfrac{2q_{\max}}{\rho_0 v^2}\right) \\ H(v) \geqslant H_a(v), & H_a(v) = -H_s \ln\left(\dfrac{2ma_{\max}}{vS_r\sqrt{C_L^2 + C_D^2}}\right) \\ H_{\text{QEGC}}(v) = -H_s \ln\left[\left(g - \dfrac{v^2}{r}\right)\dfrac{2m}{C_L v^2 S_r \cos\sigma_{\text{QEGC}}}\right] \end{cases} \quad (2.3.6)$$

在每一个速度状态下，对应的最大驻点热流高度、最大法向过载高度以及最大动压约束高度的最大值即为高度速度再入飞行走廊的最小值 $H_{\min}(v)$。因此，高度-速度再入飞行走廊即为式(2.3.7)所示。

$$\max(H_{\dot{Q}}(v), H_q(v), H_a(v)) \leqslant H(v) \leqslant H_{\text{QEGC}} \quad (2.3.7)$$

2.3.2.3 倾侧角再入飞行走廊

利用准平衡滑翔条件，将高度-速度再入飞行走廊转化为倾侧角-速度再入飞行走廊，便于直接规划满足过程约束的倾侧角-速度剖面。利用准平衡滑翔条件可以得到倾侧角 σ 的表达式：

$$\sigma_{\text{QEGC}} = \arccos\left[\frac{1}{L}\left(\frac{v^2}{r} - g\right)\right] \quad (2.3.8)$$

式中：r 为地心矢量，这里假设地球为标准圆球，所以 $r = H - R_e$，其中 H 为飞行高度，R_e 为地球半径。从式(2.3.6)中可以看出，H 为 v 的函数，于是可以将式(2.3.6)分别带入准平衡滑翔条件中，得到最大驻点热流倾侧角、最大法向过载倾侧角以及最大动压约束倾侧角，如式(2.3.9)所示：

$$\begin{cases} \sigma(v) \leqslant \sigma_{\dot{Q}}(v), & \sigma_{\dot{Q}}(v) = \arccos\left\{\dfrac{1}{L}\left[\dfrac{v^2}{R_e - H_s \ln[2\dot{Q}_{\max}/(K^2 \rho v^{6.3})]} - g\right]\right\} \\ \sigma(v) \leqslant \sigma_q(v), & \sigma_q(v) = \arccos\left\{\dfrac{1}{L}\left[\dfrac{v^2}{R_e - H_s \ln[2q_{\max}/(\rho_0 v^2)]} - g\right]\right\} \\ \sigma(v) \leqslant \sigma_a(v), & \sigma_a(v) = \arccos\left\{\dfrac{1}{L}\left[\dfrac{v^2}{R_e - H_s \ln[2ma_{\max}/(vS_r\sqrt{C_L^2 + C_D^2})]} - g\right]\right\} \end{cases}$$

$$(2.3.9)$$

HGV再入飞行过程要满足的最小倾侧角 $\sigma_{\min}$ 即为准平衡滑翔时的倾侧角

σ_{QEGC},最大倾侧角 $\sigma_{\max}$ 为 $\sigma_{\dot{Q}}(v)$、$\sigma_q(v)$、$\sigma_a(v)$ 中最小值。因此,倾侧角-速度再入走廊可以表示为

$$\sigma_{\text{QEGC}} \leq \sigma(v) \leq \min\{\sigma_{\dot{Q}}(v), \sigma_q(v), \sigma_a(v)\} \qquad (2.3.10)$$

2.3.3 终端约束

为实现滑翔段与着陆段的顺利交接,再入飞行器需要满足指定的终端状态约束。根据再入飞行任务的不同,终端约束亦不相同。一般来说,终端状态约束主要包括终端高程约束、终端速度约束、终端航程约束及终端航向约束,即

$$\begin{cases} |h(t_f) - h_f^*| \leq \delta h_f \\ |v(t_f) - v_f^*| \leq \delta v_f \\ |R(t_f) - R_f^*| \leq \delta R_f \\ |\Delta\psi(t_f)| \leq \delta\psi_f \end{cases} \qquad (2.3.11)$$

式中:R 为飞行器的航程;$\Delta\psi = \psi - A$ 为航向偏差,A 为飞行器相对目标点的位置方位角;t_f 为终端飞行时刻;h_f^*、v_f^* 和 R_f^* 分别为期望终端高程、期望终端速度及期望终端航程;δh_f、δv_f、δR_f 和 $\delta\psi_f$ 分别为终端高程偏差、速度偏差、航程偏差及航向偏差的容许值。

2.3.4 禁飞区约束

高超声速滑翔飞行器再入飞行过程中,难免会遭遇禁飞区的限制[7]。禁飞区(no-fly zone,NFZ)是指受相关地缘政治因素或者存在敌方侦察兵力部署地带,不允许再入飞行器通行的区域。假设地球为旋转、均匀的圆球体,在实际飞行任务中,考虑地缘政治区域、敌反导拦截阵地和大型预警探测系统等威胁区域,禁飞区形状、大小、运动状态各不相同,本书研究禁飞区问题时,均假设禁飞区模型为无限高柱状体,如图2.12所示直观展现圆形禁飞区对应的无限高柱状禁飞区域。

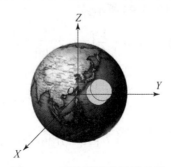

图2.12 圆柱形禁飞区示意图

以经纬度平面内圆形禁飞区为例，假设再入飞行任务区域内，存在 N 个禁飞区，假定第 $i(i=1,2,\cdots,N)$ 个禁飞区的中心坐标为 (θ_{ci},ϕ_{ci})，半径为 d，则在经纬度平面内禁飞区约束记为

$$(\theta-\theta_{ci})^2 + (\phi-\phi_{ci})^2 > d_i^2 \tag{2.3.12}$$

同上式一致，当研究禁飞区问题时，在经纬度平面内定义飞行器与各禁飞区中心之间的欧氏距离，作为禁飞区约束满足与否的判定条件，飞行器到各禁飞区中心的距离记为 $\{d_1,d_2,\cdots,d_N\}$，当 $d_i \leqslant R_{Ni}(i=1,2,\cdots,N)$ 时，HGV 进入第 i 个禁飞区，禁飞区约束被打破，判定飞行任务失败。对于不同形状或者运动状态的禁飞区规避问题，要求通过一定的制导策略使得飞行器在精确到达指定目标区域的同时不能进入禁飞区边界，否则认为任务失败。

结合上述描述可知，考虑禁飞区规避的再入制导问题可描述为：在当前飞行状态下，寻找适合的倾侧角剖面，导引 HGV 飞行至期望目标区域，在飞行的过程中，需满足动力学方程(2.1.15)或方程(2.1.50)、控制量约束(2.3.1)、路径约束(2.3.2)、终端约束(2.3.11)和禁飞区约束(2.3.12)。

参考文献

[1] 张毅,肖龙旭,王顺宏.弹道导弹弹道学[M].长沙:国防科技大学出版社,2005.
[2] 孙勇.基于改进 Gauss 伪谱法的高超声速飞行器轨迹优化与制导[D].哈尔滨:哈尔滨工业大学,2012.
[3] 李惠峰.高超声速飞行器制导与控制技术[M].北京:中国宇航出版社;2012.
[4] 王肖,郭杰,唐胜景,等.基于准平衡滑翔的解析再入制导方法[J].兵工学报,2019,40(01):58-67.
[5] 徐慧,蔡光斌,张胜修.高超声速滑翔飞行器再入气动系数改进拟合模型[J].宇航学报,2021,42(09):1139-1149.
[6] 孙勇,段广仁,张卯瑞,等.高超声速飞行器再入过程改进气动系数模型[J].系统工程与电子技术,2011,33(01):134-137.
[7] 高杨,蔡光斌,张胜修,等.多禁飞区高超声速滑翔飞行器再入机动制导[J].兵器装备工程学报,2019,40(08):32-39.

第3章 快速轨迹优化参数化方法

轨迹优化是飞行器总体优化设计的重要组成部分,它贯穿于飞行器设计和作战运用的全过程,对于飞行器总体性能的发挥有着重大的影响。现有的轨迹优化方法主要包括间接法、直接法和新兴优化算法等,具体分类如图3.1所示。

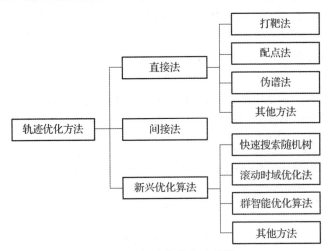

图3.1 轨迹优化方法分类

3.1 间接法

间接法是基于最优控制理论中的Pontryagin极小值原理推导出最优控制问题的一阶必要条件,进而将最优控制问题转化为Hamiltonian两点边值问题(HBVP),对该边值问题进行求解便可以得到最优轨迹的数值解。由于该方法不直接对性能指标寻优,因此称该方法为间接法[1-2]。

3.1.1 最优控制问题的表述

解决最优控制问题的目的是,通过一定的手段,生成适当的控制信号,使系统在此控制输入的作用下运动,满足物理、几何以及设计等约束,同时最大或最小化特定的性能指标或价值函数。在本节以及大多数航天领域的应用中,优化问题的连续形式模型,就是最优控制问题,因此有必要对最优控制问题进行简要介绍。

在此,本节以最优控制问题的 Bolza 型性能指标函数进行讨论,Mayer 形式与拉格朗日(Lagrange)形式均可方便地通过 Bolza 形式简化得到。最优控制问题的 Bolza 形式如下:

$$J = \Phi(\boldsymbol{x}(t_0), t_0, \boldsymbol{x}(t_f), t_f) + \int_{t_0}^{t_f} L(\boldsymbol{x}(t), \boldsymbol{u}(t), t) \mathrm{d}t \quad (3.1.1)$$

式中:$\boldsymbol{u}(t) \in \mathbb{R}^m$ 为控制变量;$\boldsymbol{x}(t) \in \mathbb{R}^n$ 为状态变量;t_0 和 t_f 分别为时间的初值和末值,可取固定值,也可以自由取值。系统要满足的动力学约束为

$$\dot{\boldsymbol{x}}(t) = \boldsymbol{f}(\boldsymbol{x}(t), \boldsymbol{u}(t), t), \quad t \in [t_0, t_f] \quad (3.1.2)$$

边界条件为

$$\phi(\boldsymbol{x}(t_0), t_0, \boldsymbol{x}(t_f), t_f) = 0 \quad (3.1.3)$$

路径约束为

$$C(\boldsymbol{x}(t), \boldsymbol{u}(t), t) \leq 0, \quad t \in [t_0, t_f] \quad (3.1.4)$$

3.1.2 间接法的求解过程

间接法[2]通过 Pontryagin 极小值原理将最优控制问题转换为 Hamiltonian 两点边值问题(HBVP)。基本算法如下:

引入 Hamilton 函数:

$$H(\boldsymbol{x}(t), \boldsymbol{u}(t), \boldsymbol{\lambda}(t), t) = L(\boldsymbol{x}(t), \boldsymbol{u}(t), t) + \boldsymbol{\lambda}^{\mathrm{T}}(t) \boldsymbol{f}(\boldsymbol{x}(t), \boldsymbol{u}(t), t)$$
$$(3.1.5)$$

其中

$$\boldsymbol{\lambda}^{\mathrm{T}}(t) = [\lambda_1(t), \lambda_2(t), \cdots, \lambda_N(t)] \quad (3.1.6)$$

称为状态 $\boldsymbol{x}(t)$ 的伴随变量或者协态变量。若要运用极小值原理,需要将边界条件(3.1.3)分解为初始条件 $\boldsymbol{x}(t_0) = \boldsymbol{x}_0$ 和终端约束 $N(\boldsymbol{x}(t_f), t_f)$。若是最优控制 $\boldsymbol{u}^*(t)$,其必要条件是存在一个非零的矢量函数 $\boldsymbol{\lambda}^*(t), t \in [t_0, t_f]$,使 $\boldsymbol{u}^*(t)$,$\boldsymbol{\lambda}^*(t), \boldsymbol{x}^*(t), t_f^*$ 满足以下条件:

(1) Hamilton 方程组:

$$\dot{\boldsymbol{x}}^*(t) = \frac{\partial H(\boldsymbol{x}^*(t), \boldsymbol{u}^*(t), \boldsymbol{\lambda}^*(t), t)}{\partial \boldsymbol{\lambda}} \quad (3.1.7)$$

$$\boldsymbol{\lambda}^*(t) = \frac{\partial H(\boldsymbol{x}^*(t), \boldsymbol{u}^*(t), \boldsymbol{\lambda}^*(t))}{\partial \boldsymbol{x}} \quad (3.1.8)$$

(2) 目标函数：

$$H(\boldsymbol{x}^*(t), \boldsymbol{u}^*(t), \boldsymbol{\lambda}^*(t), t) = \min_{\boldsymbol{u} \subset U} H(\boldsymbol{x}^*(t), \boldsymbol{u}^*(t), \boldsymbol{\lambda}^*(t), t) \quad (3.1.9)$$

(3) 终端横截条件：

$$\boldsymbol{\lambda}^*(t_f^*) = \left\{ \frac{\partial \boldsymbol{\Phi}}{\partial \boldsymbol{x}} + \frac{\partial \boldsymbol{N}^T}{\partial \boldsymbol{x}} \nu \right\}\bigg|_{t=t_f} \quad (3.1.10)$$

(4) 终端条件：

$$\boldsymbol{N}(\boldsymbol{x}(t_f^*), t_f^*) = 0 \quad (3.1.11)$$

间接法一般先由式(3.1.9)求得最优控制变量的表达式,它们是关于伴随变量和状态变量的函数。再求解由 Hamilton 方程组、终端横截条件和约束构成的一个两点边值问题,从而获得最优轨迹 $\boldsymbol{x}^*(t)$ 和相应最优控制 $\boldsymbol{u}^*(t)$ 的数值解。

3.1.3 间接法的特点和应用

3.1.3.1 间接法的特点

间接法在运用于轨迹优化问题时有以下的几个优点：

(1) 解的精度高；

(2) 最优解满足最优一阶必要条件。

但是,间接法在运用的过程中同样存在着一些问题与不足：

(1) 基于极小值原理推导最优解的过程比较复杂和繁琐。

(2) 求解两点边值问题时的收敛域很小,因此对未知边界条件的初值估计精度要求很高。而且,很多间接法都要求估计协调变量的初值,而这些变量无物理意义,这进一步增大了初值估计的难度。

(3) 对于有路径约束的最优控制问题,采用间接法存在一定困难。可能的解决方法是将过程约束通过数学变换转化为等价的终端约束,或者是具备约束和非约束弧段的先验信息或切换结构。

3.1.3.2 间接法的应用

极小值原理在早期的轨道优化研究中得到广泛应用。Vinh 在 20 世纪 70 年代开始研究大气中的最优飞行轨迹,以变分法和 Pontryagin 极值原理为理论基础,研究了最优无动力飞行、超声速巡航、转弯以及再入飞行器最优滑翔等问题,其中大部分问题考虑平面运动模型,再入问题则采用了修正的查普曼(Chapman)公式。Vasile Istratie 采用间接法研究了一系列不同优化目标,如最小热流率、最大剩余速度等最优跳跃再入轨迹问题。Vinh 和 Lu Ping 推导了基于极大值原理求解 Chebyshev 问题的方法,他们将问题转化为沿轨迹的状态变量受约束的问题来处理。吴德隆、王小军等对基于极大值原理的最优气动辅助变轨问题进行了深入研究,并系统地介绍了其研究成果。间接法相关应用还有飞机空战最优机动轨迹、高超声速滑翔飞行器弹道优化、运载火箭上升段轨迹优化等。近年来,针对打靶法求解两点边值问题存在的困难,间接法的研究开始关注如何有效求解两点边值问题,如协态变量的初值猜测技术的研究、遗传算法求两点边值问题、改进的邻近值法等。

3.2 直接法

3.2.1 直接法介绍

直接法的核心思想是将连续空间的最优控制问题离散变换为非线性规划问题,进而采用优化算法对性能指标直接寻优。直接法对初值不敏感,收敛性好,易于编程实现,相比间接法而言,直接法在飞行器轨迹优化领域应用更为广泛。

直接法涉及两个基本步骤:①最优控制问题的离散变换;②非线性规划问题的求解。根据离散参数的不同,直接法可分为打靶法、微分包含法和配点法。

1. 打靶法

打靶法通过离散并参数化控制变量将最优控制问题转化为非线性规划问题,主要包括直接打靶法和多重打靶法,其中多重打靶法是直接打靶法的一种改进方法。打靶法的特点在于时域上仅对控制变量进行离散,进而采用数值积分方法根据参数化的控制变量求解相应的状态量。

2. 微分包含法

微分包含法仅离散状态变量,进而将控制变量约束转化为状态变量及其变化率约束。微分包含法可有效减少非线性规划问题的变量个数,具有更快的求解速度。必须指出,对于复杂的非线性状态方程,难以获得控制量关于状态量的显式表达式,极大地限制了微分包含法的实际应用。

3. 配点法

配点法同时对状态变量和控制变量进行离散,该方法将控制变量在离散时域上参数化,并采用分段插值多项式拟合节点间状态变量随时间的变化关系,通过优化参数化的控制变量及节点处的状态变量,获取满足约束的最优轨迹。

近年来,伪谱法[3-4]作为配点法的一个分支,由于其良好的优化特性,受到了国内外众多学者的广泛关注。伪谱法又称为正交配点法,与配点法相比有以下特点:①伪谱法利用全局插值多项式近似动力学微分方程,并将其转化为代数约束;②伪谱法将全局插值多项式的根作为离散点;③离散点不包含终点,需要通过积分来转化终端约束。根据选用的全局插值多项式的不同,伪谱法可以分为 Legendre 伪谱法、高斯伪谱法、Radau 伪谱法等。伪谱法全局优化性能好,节点数目少,初值敏感性低,状态变量的获取无须进行大量的数值积分,大大提高了算法的计算速度。

3.2.2 伪谱法数学基础

这里,同样以 Bolza 型性能指标函数为例进行伪谱法的理论推导:

$$J = \Phi(\boldsymbol{x}(t_0), t_0, \boldsymbol{x}(t_f), t_f) + \int_{t_0}^{t_f} L(\boldsymbol{x}(t), \boldsymbol{u}(t), t) \mathrm{d}t \quad (3.2.1)$$

$$\dot{\boldsymbol{x}}(t) = \boldsymbol{f}(\boldsymbol{x}(t), \boldsymbol{u}(t), t), t \in [t_0, t_f]$$

$$\phi(x(t_0), t_0, x(t_f), t_f) = 0 \quad (3.2.2)$$

$$C(x(t), u(t), t) \leqslant 0, t \in [t_0, t_f]$$

上述公式中的函数定义如下:

$$\begin{cases} \Phi: \mathbb{R}^n \times \mathbb{R} \times \mathbb{R}^n \times \mathbb{R} \to \mathbb{R} \\ L: \mathbb{R}^n \times \mathbb{R}^m \times \mathbb{R} \to \mathbb{R} \\ f: \mathbb{R}^n \times \mathbb{R}^m \times \mathbb{R} \to \mathbb{R}^n \\ \phi: \mathbb{R}^n \times \mathbb{R} \times \mathbb{R}^n \times \mathbb{R} \to \mathbb{R}^q \\ C: \mathbb{R}^n \times \mathbb{R}^m \times \mathbb{R} \to \mathbb{R}^c \end{cases} \quad (3.2.3)$$

上述的连续 Bolza 问题的时间区间为 $t \in [t_0, t_f]$,而伪谱法的配点是分布在 $\tau \in [-1, 1]$ 上的,因此,需要将时间变量进行变换:

$$\tau = \frac{2t}{t_f - t_0} - \frac{t_f + t_0}{t_f - t_0} \quad (3.2.4)$$

经过时间域变换后的连续 Bolza 问题表述如下:

$$\min_{\boldsymbol{u}(\tau), \tau \in [\tau_0, \tau_f]} J = \Phi(\boldsymbol{x}(\tau_0), t_0, \boldsymbol{x}(\tau_f), t_f) + \frac{t_f - t_0}{2} \int_{\tau_0}^{\tau_f} L(\boldsymbol{x}(\tau), \boldsymbol{u}(\tau), \tau; t_0, t_f) \mathrm{d}\tau$$
$$(3.2.5)$$

$$\text{s.t.} \quad \frac{\mathrm{d}\boldsymbol{x}}{\mathrm{d}\tau} = \frac{t_f - t_0}{2} \boldsymbol{f}(\boldsymbol{x}(\tau), \boldsymbol{u}(\tau), \tau, t_0, t_f), \tau \in [\tau_0, \tau_f]$$

$$\phi(\boldsymbol{x}(\tau_0), t_0, \boldsymbol{x}(\tau_f), t_f) = 0 \quad (3.2.6)$$

$$C(\boldsymbol{x}(\tau), \boldsymbol{u}(\tau), \tau; t_0, t_f) \leqslant 0, \tau \in [\tau_0, \tau_f]$$

3.2.3 伪谱法的理论推导

3 种伪谱法的不同点主要体现在配点的不同,高斯伪谱法采用的是 Legendre – Gauss 点(LG 点),Legendre 伪谱法采用的是 Legendre – Gauss – Lobatto 点(LGL

点),Radau 伪谱法采用的是 Legendre – Gauss – Radau 点(LGR 点)。不同配点的区别体现在表 3.1 中。

表 3.1 不同伪谱法的对比

方法	配点	原方程	配点区间
高斯伪谱法	LG 点	$P_N(\tau)$	$\tau \in (-1,1)$
Legendre 伪谱法	LGL 点	$(1-\tau^2)\dot{P}_{N-1}(\tau)$	$\tau \in [-1,1]$
Radau 伪谱法	LGR 点	$P_N(\tau) + P_{N-1}(\tau)$	$\tau \in (-1,1]$

3.2.3.1 高斯伪谱法

利用 3.2.2 节中介绍的数学背景,本小节用高斯伪谱法[5-6]将最优控制的连续 Bolza 问题离散为非线性规划问题(NLP)。

1. 全局插值多项式近似状态变量与控制变量

与其他伪谱方法一样,高斯伪谱法利用全局插值多项式近似状态变量,插值点为时间区间上的离散点。不同伪谱法之间的一个主要区别,就在于其离散点和节点的选择不同。对于高斯伪谱法,选择 N 阶勒让德多项式 $P_N(\tau)$ 的 K 个根作为区间内部的离散点,记为 $\boldsymbol{\kappa} = \{\tau_1, \tau_2, \cdots, \tau_N\}$,$\boldsymbol{\kappa}$ 中的点在 $(-1,1)$ 上单调递增。在后面,我们称集合 $\boldsymbol{\kappa}$ 中的元素为 N 阶 LG 点。设 $\boldsymbol{\kappa}_0$ 为 $\boldsymbol{\kappa}$ 的扩展集,$\boldsymbol{\kappa}_0 = \boldsymbol{\kappa} + \{-1\}$。以 $\boldsymbol{\kappa}_0$ 作为插值节点,对状态变量进行 N 阶拉格朗日插值如下:

$$x(\tau) \approx X(\tau) = \sum_{i=0}^{N} X(\tau_i) L_i(\tau) = \sum_{i=0}^{N} X_i L_i(\tau) \quad (3.2.7)$$

$$L_i(\tau) = \prod_{j=0, j \neq i}^{N} \frac{\tau - \tau_j}{\tau_i - \tau_j} = \frac{b(\tau)}{(\tau - \tau_i) b(\tau_i)} \quad (3.2.8)$$

其中

$$b(\tau) = \prod_{i=0}^{N} (\tau - \tau_i) \quad (3.2.9)$$

控制变量在区间 $(-1,1)$ 中的 LG 节点上进行离散化,可以得到

$$u(\tau) \approx U(\tau) = \sum_{i=1}^{N} U(\tau_i) L_i^*(\tau) = \sum_{i=1}^{N} U_i L_i^*(\tau) \quad (3.2.10)$$

其中

$$L_i^*(\tau) = \prod_{j=1, j \neq i}^{N} \frac{\tau - \tau_j}{\tau_i - \tau_j}, \quad i = 1, 2, \cdots, N \quad (3.2.11)$$

式(3.2.8)和式(3.2.10)满足以下关系:

$$L_i(\tau_j) = \begin{cases} 1, i = j \\ 0, i \neq j \end{cases} \quad (3.2.12)$$

$$L_i^*(\tau_j) = \begin{cases} 1, i=j \\ 0, i \neq j \end{cases} \tag{3.2.13}$$

终端时刻状态变量和控制变量可以通过其他方式进行计算。基于以上对状态变量和控制变量离散化的结果,下面进一步对状态的微分和函数的积分进行计算。

2. 终端约束与状态导数的离散

为了将上述的 Bloza 问题转化为非线性规划问题,需要将状态变量的导数进行离散化,对式(3.2.7)进行求导可得

$$\dot{x}(\tau) \approx \dot{X}(\tau) = \sum_{i=0}^{N} X(\tau_i) \dot{L}_i(\tau) \tag{3.2.14}$$

考虑在 LG 配点上的状态变量的导数值,令 $\tau = \tau_k$,代入上式可得

$$\dot{x}(\tau_k) \approx \dot{X}(\tau_k) = \sum_{i=0}^{N} \dot{L}_i(\tau_k) X_i = \sum_{i=0}^{N} D_{k,i} X_i \tag{3.2.15}$$

$$D_{ki} = \dot{L}_i(\tau_k) = \sum_{l=0}^{N} \frac{\prod_{j=0, j \neq i, l}^{N}(\tau_k - \tau_j)}{\prod_{j=0, j \neq i}^{N}(\tau_i - \tau_j)} \tag{3.2.16}$$

式中:$i = 0, 1, \cdots, N; k = 1, 2, \cdots, N$;状态微分矩阵 $D \in \mathbb{R}^{N \times (N+1)}$。

$$D_{ki} = \dot{L}_i(\tau_k) = \begin{cases} \dfrac{(1+\tau_k)\dot{P}_K(\tau_k) + P_K(\tau_k)}{(\tau_k - \tau_i)[(1+\tau_i)\dot{P}_K(\tau_i) + P_K(\tau_i)]}, & i \neq k \\ \dfrac{(1+\tau_i)P_K(\tau_i) + 2\dot{P}_K(\tau_i)}{2[(1+\tau_i)\dot{P}_K(\tau_i) + P_K(\tau_i)]}, & i = k \end{cases} \tag{3.2.17}$$

因此,动力学微分方程可以由下面的代数约束条件代替:

$$\sum_{i=0}^{N} D_{k,i} X_i - \frac{t_f - t_0}{2} f(X_k, U_k, \tau_k; t_0, t_f) = 0, \quad k = 1, 2, \cdots, N \tag{3.2.18}$$

其中,$X_k \equiv X(\tau_k) \in \mathbb{R}^n, U_k \equiv u(\tau_k) \in \mathbb{R}^m$。需要注意的是,动力学约束仅在 LG 点进行配置,而不在边界点进行配置。离散化过程中边界点的附加变量可以定义为 $X_0 \equiv X(-1)$ 以及 X_f,其中 X_f 是由 X_k 和 U_k 通过高斯积分公式获得的:

$$X_f \equiv X_0 + \frac{t_f - t_0}{2} \sum_{k=1}^{N} \omega_k f(X_k, U_k, \tau_k; t_0, t_f) \tag{3.2.19}$$

式中:ω_k 为高斯权重。

3. 性能指标函数的近似

性能指标函数中的拉格朗日项需要计算函数的积分,而高斯积分公式是积分精度最高的,对于 N 个 LG 配点,其积分精度可达 $2N-1$,这也是高斯伪谱法比 Radau 和 Legendre 伪谱法好的原因之一。根据高斯积分公式,式(3.2.5)中拉格朗

日项的积分部分可以表示为

$$\int_{\tau_0}^{\tau_f} L(\boldsymbol{x}(\tau),\boldsymbol{u}(\tau),\tau;t_0,t_f)\mathrm{d}\tau \approx \sum_{k=1}^{N}\omega_k L(\boldsymbol{x}(\tau_k),\boldsymbol{u}(\tau_k),\tau_k;t_0,t_f)$$

$$= \sum_{k=1}^{N}\omega_k L(\boldsymbol{X}_k,\boldsymbol{U}_k,\tau_k;t_0,t_f) \quad (3.2.20)$$

式中:ω_k 为高斯积分公式中的积分权重,其计算公式如下所示:

$$\omega_k = \frac{2}{(1-\tau_k^2)(\dot{P}_N(\tau_k))^2}, k=1,2,\cdots,N \quad (3.2.21)$$

因此,Bolza 型性能指标函数可以转换为

$$J = \Phi(\boldsymbol{X}_0,t_0,\boldsymbol{X}_f,t_f) + \sum_{k=1}^{N}\omega_k L(\boldsymbol{X}_k,\boldsymbol{U}_k,\tau_k;t_0,t_f) \quad (3.2.22)$$

最后,将路径约束在 LG 点上进行离散化,可以得到:

$$C(\boldsymbol{X}_k,\boldsymbol{U}_k,\tau_k;t_0,t_f) \leq 0, k=1,2,\cdots,N \quad (3.2.23)$$

通过以上的离散过程,便可以将连续的最优控制问题转化为非线性规划问题。

$$J = \Phi(\boldsymbol{X}_0,t_0,\boldsymbol{X}_f,t_f) + \sum_{k=1}^{N}\omega_k L(\boldsymbol{X}_k,\boldsymbol{U}_k,\tau_k;t_0,t_f)$$

$$\text{s.t.} \sum_{i=0}^{N} D_{k,i}\boldsymbol{X}_i - \frac{t_f-t_0}{2}f(\boldsymbol{X}_k,\boldsymbol{U}_k,\tau_k;t_0,t_f) = 0, \quad k=1,2,\cdots,N$$

$$\phi(\boldsymbol{x}(\tau_0),t_0,\boldsymbol{x}(\tau_f),t_f) = 0$$

$$C(\boldsymbol{X}_k,\boldsymbol{U}_k,\tau_k;t_0,t_f) \leq 0, k=1,2,\cdots,N \quad (3.2.24)$$

3.2.3.2 Legendre 伪谱法

Legendre 伪谱法[7-8]与高斯伪谱法的基本原理是一致的,但是在配点的选择上两者是不同的。因此,在这里不再对利用伪谱法对连续最优控制问题进行描述,仅给出 Legendre 伪谱法和高斯伪谱法在数值近似方法上的不同。

Legendre 伪谱法采用有限个全局插值多项式近似状态变量和控制变量,其配点采用[-1,1]上 $N+1$ 个 Legendre – Gauss – Lobatto 点(LGL 点),它们是多项式 $(1-\tau^2)\dot{P}_{N-1}(\tau)$ 的根,其中 $\dot{P}_{N-1}(\tau)$ 是 $N-1$ 阶 Legendre 多项式的导数。因此,LGL 点为

$$\tau_0 = -1, \tau_1, \tau_2, \cdots, \tau_{N-1}, \tau_N = 1$$

状态变量和控制变量可以近似表示为

$$\boldsymbol{x}(\tau) \approx \boldsymbol{X}(\tau) = \sum_{i=1}^{N} L_i(\tau)\boldsymbol{X}(\tau_i) \quad (3.2.25)$$

$$\boldsymbol{u}(\tau) \approx \boldsymbol{U}(\tau) = \sum_{i=1}^{N} L_i(\tau)\boldsymbol{U}(\tau_i) \quad (3.2.26)$$

对式(3.2.25)求导得到状态变量导数近似表示为

$$\dot{x}(\tau_k) \approx \dot{X}(\tau_k) = \sum_{i=1}^{N} \dot{L}_i(\tau_k) X(\tau_i) = \sum_{i=1}^{N} D_{ki} X(\tau_i), k = 0,1,2,\cdots,N$$

(3.2.27)

其中，$\{D_{ik}\}$ 为 $(N+1) \times (N+1)$ 的微分矩阵，取值如下所示：

$$D_{ki} = \begin{cases} \dfrac{P_N(\tau_k)}{P_N(\tau_i)(\tau_k - \tau_i)}, & k \neq i \\ -\dfrac{(N+1)N}{4}, & k = i = 0 \\ \dfrac{(N+1)N}{4}, & k = i = N \\ 0, & \text{其他} \end{cases} \quad (3.2.28)$$

这样便可以在 $N+1$ 配点处将连续最优控制问题的动力学微分方程约束转换为代数约束，即

$$\sum_{i=1}^{N} D_{ki} X(\tau_i) - \frac{t_f - t_0}{2} f(X(\tau_k), U(\tau_k), \tau_k; t_0, t_f) = 0, \quad k = 0,1,2,\cdots,N$$

(3.2.29)

即

$$\sum_{i=1}^{N} D_{k,i} X_i - \frac{t_f - t_0}{2} f(X_k, U_k, \tau_k; t_0, t_f) = 0, \quad k = 0,1,2,\cdots,N \quad (3.2.30)$$

同样地，性能指标函数可以转化为

$$J = \Phi(X(-1), t_0, X(1), t_f) + \sum_{k=0}^{N} \omega_k L(X_k, U_k, \tau_k; t_0, t_f) \quad (3.2.31)$$

式中：ω_k 为高斯权重。

终端约束转换为

$$\phi(x(-1), t_0, x(1), t_f) = 0 \quad (3.2.32)$$

路径约束转换为

$$C(X_k, U_k, \tau_k; t_0, t_f) \leq 0, k = 0,1,2,\cdots,N \quad (3.2.33)$$

将以上公式整理可得

$$J = \Phi(x(-1), t_0, x(1), t_f) + \sum_{k=0}^{N} \omega_k L(X_k, U_k, \tau_k; t_0, t_f)$$

$$\text{s.t.} \sum_{i=0}^{N} D_{k,i} X_i - \frac{t_f - t_0}{2} f(X_k, U_k, \tau_k; t_0, t_f) = 0, k = 0,1,2,\cdots,N \quad (3.2.34)$$

$$\phi(x(-1), t_0, x(1), t_f) = 0,$$

$$C(X_k, U_k, \tau_k; t_0, t_f) \leq 0, k = 0,1,2,\cdots,N$$

3.2.3.3 Radau 伪谱法

Radau 伪谱法[9-10]与高斯伪谱法和 Legendre 伪谱法的基本原理也是一致的，只是在配点的选择上与两者是不同的。因此，这里同样只给出 Radau 伪谱法在数值近似上的不同。

Radau 伪谱法的配点选择在 $(-1,1]$ 上的 Legendre – Gauss – Radau 点（LGR 点），LGR 点是多项式 $P_N(\tau) + P_{N-1}(\tau)$ 的根，Radau 伪谱法的插值节点由 $N-1$ 个配点和初始时间 $\tau_0 \equiv -1$ 构成，配点数比插值节点少一个。用 N 个拉格朗日插值多项式为基函数对状态变量进行近似：

$$x(\tau) \approx X(\tau) = \sum_{i=1}^{N} L_i(\tau) X(\tau_i) \qquad (3.2.35)$$

因此，配点处的动力学微分方程约束可以转化为代数方程约束，即

$$\sum_{i=1}^{N} D_{ki} X(\tau_i) - \frac{t_f - t_0}{2} f(X(\tau_k), U(\tau_k), \tau_k; t_0, t_f) = 0, \quad k = 1, 2, \cdots, N-1 \qquad (3.2.36)$$

式中：τ_i 为节点；τ_k 为配点；D_{ki} 为微分矩阵；D 第 k 行第 i 列元素。

$$D_{ki} = \dot{L}_i(\tau_k) = \begin{cases} \dfrac{\dot{g}(\tau_k)}{\dot{g}(\tau_i)(\tau_k - \tau_i)}, & k \neq i \\ \dfrac{\ddot{g}(\tau_i)}{\dot{g}(\tau_i)}, & k = i \end{cases} \qquad (3.2.37)$$

式中：$g(\tau_k) = (1 + \tau_i)[P_N(\tau_i) - P_{N-1}(\tau_i)]$，$i = 0, 1, \cdots, N$，$\tau_i$ 为节点。

控制变量近似表示为

$$u(\tau) \approx U(\tau) = \sum_{i=1}^{N-1} L_i^*(\tau) U(\tau_i) \qquad (3.2.38)$$

性能指标函数转换为

$$J = \Phi(x(-1), t_0, x(1), t_f) + \sum_{k=1}^{N} \omega_k L(X_k, U_k, \tau_k; t_0, t_f) \qquad (3.2.39)$$

边界约束转换为

$$\phi(x(\tau_1), t_0, x(\tau_N), t_f) = 0 \qquad (3.2.40)$$

路径约束转换为

$$C(X_k, U_k, \tau_k; t_0, t_f) \leq 0, k = 1, 2, \cdots, N-1 \qquad (3.2.41)$$

整理以上公式得

$$J = \Phi(x(-1), t_0, x(1), t_f) + \sum_{k=1}^{N} \omega_k L(X_k, U_k, \tau_k; t_0, t_f)$$

$$\text{s.t.} \sum_{i=1}^{N} D_{k,i} X_i - \frac{t_f - t_0}{2} f(X_k, U_k, \tau_k; t_0, t_f) = 0, k = 1, 2, \cdots, N-1$$

$$\phi(\boldsymbol{x}(\tau_1),t_0,\boldsymbol{x}(\tau_N),t_f) = 0,$$
$$C(\boldsymbol{X}_k,\boldsymbol{U}_k,\tau_k;t_0,t_f) \leq 0, k = 1,2,\cdots,N-1 \tag{3.2.42}$$

3.3 伪谱法求解软件 GPOPS - Ⅱ 简介

GPOPS 是由美国佛罗里达大学飞行器动力学与优化实验室的 Anil V. Rao 开发的一款通用 MATLAB 优化软件包。经过几年的发展，其版本由最初的 GPOPS V1.0 进化到了最新的 GPOPS - Ⅱ，在精度、速度、通用性等方面的能力不断提升。GPOPS 使用的算法以高斯伪谱法为基础，在不同版本中使用高斯伪谱法不同变形，包括 V1.0、V2.0 和 V3.0 中的微分形式高斯伪谱法，V4.0 中的 hp - 自适应高斯伪谱法，V5.0 和 GPOPS - Ⅱ 中使用的 hp - 自适应 Radau 伪谱法（hp - Adaptive Radau Pseudospectral Method）。

其开发团队强调 GPOPS 是一种通用的优化软件，能解决大部分最优控制和轨迹优化问题。在软件使用过程中，并不需要考虑对象模型的特点，只是根据离散连续时间问题后得到的非线性规划问题的特性，设置可选的 NLP 求解器，如根据 NLP 问题稀疏程度和规模大小，可选择使用 SNOPT 或 IPOPT 求解 NLP 问题。

根据 GPOPS 相关文档中提供的例子，其通用性确实是较强的，通过对典型的多级运载火箭上升段轨迹优化、大型空间站姿态调整、可重复使用运载器（RLV）再入段轨迹优化、超声速战斗机的最短时间爬升轨迹优化、化工产业中的过程优化等问题的仿真分析，证明了其能有效地对多种问题求解，以及能较好地提高精度和速度。

通过 GPOPS 的相关文档和实际使用经验，发现其具有较强的性能和较广泛的通用性、适用性。这主要由两方面原因构成：一方面是高斯伪谱法及其变形形式本身在方法上的优秀特性，高斯伪谱法同时离散状态变量、控制变量以及静态参数，将微分约束转换为代数约束，这样的离散方式，使高斯伪谱法对于模型的性质并不敏感。此外，其采用全局插值多项式进行对问题的离散，可使用较少的离散点获得较高精度的解。高斯伪谱法以插值代替积分，利用恰当的离散点设置，使连续最优控制问题离散后得到十分稀疏的非线性规划问题，配合稀疏非线性规划算法，使其求解速度较快。当前文献普遍认为，高斯伪谱法是最具潜力发展为实时的优化算法。另一方面是 GPOPS 对离散过程的恰当处理，其中自动无量纲化模块、自动微分模块、稀疏 NLP 求解模块都使得更为广泛的问题能得到更好的处理。

3.3.1 GPOPS-Ⅱ的安装方法

GPOPS-Ⅱ可以在 MATLAB R2011a 以上的任何版本上运行,系统要求为 32 位或 64 位的 Windows 操作系统、64 位的 Linux 操作系统以及 64 位的 Mac OS-X 操作系统。安装说明如下:

(1)安装 MATLAB 软件本体,可以通过以下网址获得正版的 MATLAB:

https://www.mathworks.com/campaigns/products/trials.html;

(2)从注册或购买时提供的下载链接下载 GPOPS 软件包并解压缩。解压缩文件后,将收到的许可证文件放在目录 \$GPOPS2/license 中(其中 \$GPOPS2 是解压缩 GPOPS 的根目录);

(3)启动 MATLAB,切换到 \$GPOPS2 目录,然后在 MATLAB 命令行窗口下执行文件"gpopsMatlabPathSetup.m"完成 GPOPS-Ⅱ的安装。

```
addpath('$GPOPS2/license');
addpath('$GPOPS2/nlp/ipopt');
addpath('$GPOPS2/gpopsUtilities');
addpath('$GPOPS2/lib/gpopsCommon');
addpath('$GPOPS2/lib/gpopsMeshRefinement');
addpath('$GPOPS2/lib/gpopsAutomaticScaling');
addpath('$GPOPS2/lib/gpopsADiGator');
addpath('$GPOPS2/lib/gpopsFiniteDifference');
addpath('$GPOPS2/lib/gpopsRPMDifferentiation');
addpath('$GPOPS2/lib/gpopsRPMDifferentiation/gpopsIpoptRPMD');
addpath('$GPOPS2/lib/gpopsRPMDifferentiation/gpopsSnoptRPMD');
addpath('$GPOPS2/lib/gpopsRPMIntegration');
addpath('$GPOPS2/lib/gpopsRPMIntegration/gpopsIpoptRPMI');
addpath('$GPOPS2/lib/gpopsRPMIntegration/gpopsSnoptRPMI');
```

3.3.2 GPOPS-Ⅱ的使用

GPOPS-Ⅱ是基于 hp-自适应 Radau 伪谱法,将最优控制问题转化为非线性规划问题。GPOPS-Ⅱ中使用的 hp-自适应 Radau 伪谱法可以在参考文献中获得详细的理论推导。

3.3.2.1 软件结构与算法流程

GPOPS 系列软件均是以软件算法包的形式发布的,软件包中有若干个 m 文件,其中一个为主文件。运行程序时,只是在 MATLAB 的工作空间中显示欢迎文字,如图 3.2 所示,没有软件界面。

>> gpops2

图 3.2　GPOPS-Ⅱ 欢迎界面

GPOPS-Ⅱ 的算法包含文件如图 3.3 所示,将优化问题中使用到的信息提取、依赖变量判断、高斯权重计算、伪谱离散、无量纲化、稀疏处理 hp 和网格重构等功能分离成独立的 m 文件,在主函数中按照用户的定义调用对应函数。

3.3.2.2　GPOPS-Ⅱ 算法流程

本节介绍 GPOPS 的算法执行流程,如图 3.4 所示。基本流程如下:

(1) 用户按照要求的格式提供待解决的最优控制问题模型;

(2) GPOPS 对用户提供的问题信息进行提取,如变量个数、约束数量、求解的其他设置等;

(3) 判断各个函数对各个变量是否依赖,确定依赖矩阵;

(4) 对问题进行伪谱离散;

(5) 对离散结果进行无量纲处理;

(6) 对离散的 NLP 问题在当前的区间网格和插值阶次设置下进行求解;

(7) 判断误差,如果满足精度要求,则得到优化问题的解;

(8) 若误差超出精度要求范围,则进行一次 hp-网格重构;

(9) 在新的网格和插值阶次下求解,直到解满足精度。

```
函数
    gpopsScalesFromBounds.m
    gpopsRemoveZeros2.m
    gpopsRemoveZeros1.m
    gpopsRandomHes.m
    gpopsRandomGrd.m
    gpopsRandom.m
    gpopsProblemInfo.m
    gpopsMeshShell.m
    gpopsLagrangeInterp.m
    gpopsLagrangeCurvature.m
    gpopsInterpResult.m
    gpopsInputFromSolution.m
    gpopsInputFromInterpSolution.m
    gpopsInputFromInterpGuess.m
    gpopsInputFromGuess.m
    gpopsEvalUserFun.m
    gpopsEvalNaN.m
    gpopsEvalEndp.m
    gpopsEvalContEndp.m
    gpopsEvalCont.m
    gpopsEndpVariables.m
    gpopsDependSparseNaN.m
    gpopsDependSparse.m
    gpopsDependSecondFromFirst.m
    gpopsDependFull.m
    gpopsDependencies.m
    gpopsDefaults.m
    gpopsContHesMap.m
    gpops2.m
```

图 3.3　GPOPS – Ⅱ 的算法包含文件

3.3.2.3　利用 GPOPS – Ⅱ 构造最优控制问题

GPOPS 的使用较为简便,只要将优化问题的模型的相关信息写入一个命名为 *input* 的 MATLAB 结构体中,将约束函数、性能指标能连续模型以函数句柄的形式写入 *input* ,直接调用函数 gpops2 即可,优化结果存储在结构体 *output* 中,调用格式如下:

$$output = \text{gpops2}(input)$$

其中,*input* 是包含待求解最优控制问题所有信息的用户定义结构体,*output* 是包含问题解的结构体。在本节中,我们将阐述 *input* 结构体所包含的一些元素以及如何构建合理的 *input* 结构体。

首先介绍的是 *input* 结构体所包含的元素以及构建方法:

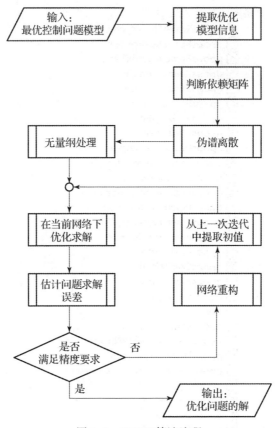

图 3.4 GPOPS 算法流程

1. *setup* 的语法结构

用户定义的 *setup* 包含必需字段和可选字段。input 中必需字段包含以下 4 个部分：

(1) name：一个不含空格的字符串，包含所要解决问题的名称；

(2) functions：包含连续函数名的端点函数名，用于调用上述两个函数；

(3) bounds：包含不同变量约束的上下界信息；

(4) guess：对待求解问题中时间、状态、控制量以及静态参数等初值的猜测。

除了上述 4 个在 *setup* 中必须具备的字段，用户还可以通过定义一些可选字段协助问题的解决，包括 auxdata、scales、method、mesh 等字段。读者如果需要使用上述的字段可以参考 GPOPS–Ⅱ附带的用户手册。

2. *setup*.functions 的语法结构

setup.functions 用于调用定义的端点函数和连续函数，调用格式如下：

$$setup.\ functions.\ endpoints\ =\ @\ endpiontfun.\ m$$
$$setup.\ functions.\ continuous\ =\ @\ continuousfun.\ m$$

3. bounds 的语法结构

bounds 结构包含 3 个字段:阶段、参数和事件组。字段 *input*. bounds. phase 是长度为 P 的数组(其中 P 是阶段的数量),该字段定义了待求解问题中每个阶段的时间、状态、控制量、路径约束和积分的边界。*input*. bounds. phase 定义了问题中静态参数的上限和下限。*input*. bounds. eventgroup 是长度为 G 的数组,其中 G 是问题中事件组的数量。

4. 初始值猜测 guess 的定义

guess 字段包含问题的初始猜想值,并且字段需要包含两个元素:phase 和 parameter,用于定义不同阶段不同参数的初始猜想值。*setup*. guess. phase 是一个长度为 P 的数组,并且它的第 p 个元素包含以下参数,其中 $p=1,2,\cdots,P$:

(1) *setup*. **guess**. **phase**(p). **time**:长度为 $M^{(p)}$ 的列矢量,其中 $M^{(p)}$ 为时间、状态以及控制量的参数个数;

(2) *setup*. **guess**. **phase**(p). **state**:定义为 $M^{(p)} \times n_y^{(p)}$ 的矩阵,其中 $n_y^{(p)}$ 是状态的维度,$p=1,2,\cdots,P$;

(3) *setup*. **guess**. **phase**(p). **control**:定义为 $M^{(p)} \times n_u^{(p)}$ 的矩阵,其中 $n_u^{(p)}$ 是控制量的维度,$p=1,2,\cdots,P$;

(4) *setup*. **guess**. **phase**(p). **integral**:定义为 $M^{(p)} \times n_d^{(p)}$ 的矩阵,其中 $n_d^{(p)}$ 是积分的个数,$p=1,2,\cdots,P$;

(5) *setup*. **guess**. **parameter**:长度大小为 n_s 的行矢量,其中 n_s 是静态参数的数量。

以上简单介绍了如何使用 GPOPS - Ⅱ,读者如果需要详细了解其使用方法和注意事项,可以参考 GPOPS 软件包附带的用户手册。

3.3.3 再入轨迹优化应用实例

在本节中,以超声速飞机爬升的最短时间为例,为读者简单展示了用 GPOPS 软件包编程的步骤。作者使用的软硬件环境如下:操作系统:Windows 10,CPU:Core i5 - 12490F 3.00 GHz,软件环境:MATLAB R2016a。

超声速飞机的最小爬升时间问题,目标是确定从起飞到指定高度和速度的最短时间轨迹和控制。超声速飞机的最小爬升时间问题提出如下。性能指标函数如下:

$$J = t_f \tag{3.3.1}$$

飞行器动力学约束:

$$\begin{cases} \dot{h} = v\sin\alpha \\ \dot{v} = \dfrac{T\cos\alpha - D}{m} \\ \dot{\gamma} = \dfrac{T\sin\alpha + L}{mv} + \left(\dfrac{v}{r} - \dfrac{\mu}{vr^2}\right)\cos\gamma \\ \dot{m} = -\dfrac{T}{g_0 I_{sp}} \end{cases} \quad (3.3.2)$$

边界约束为

$$\begin{cases} h(0) = 0\text{m} \\ v(0) = 129.3144\text{m/s} \\ \gamma(0) = 0\text{rad} \\ h(t_f) = 19994.88\text{m} \\ v(t_f) = 89.944\text{m/s} \\ \gamma(t_f) = 0\text{rad} \end{cases} \quad (3.3.3)$$

式中：h 为飞行高度；v 为速度；γ 为航迹角；m 为飞行器质量；T 为推力；D 为阻力。

利用 GPOPS 求解超声速飞机最小爬升时间问题的 MATLAB 代码如下所示：

```
% This example is taken verbatim from the following reference:%
% Bryson,A.E.,Desai,M.N.and Hoffman,W.C.,"Energy - State %
% Approximation in Performance Optimization of Supersonic %
% Aircraft," Journal of Aircraft,Vol.6,No.6,November - December,%
% 1969,pp.481 -488.%
% -----Minimum Time - to - Climb of a Supersonic Aircraft ----%
% This example is taken verbatim from the following reference:%
% Bryson,A.E.,Desai,M.N.and Hoffman,W.C.,"Energy - State %
% Approximation in Performance Optimization of Supersonic %
% Aircraft," Journal of Aircraft,Vol.6,No.6,November - December,%
% 1969,pp.481 -488.%
% --------------------------------%
clear all
close all
clc
% --------------------------------%
% ----- Initialize all of the data for the problem -----%
% --------------------------------%
load brysonMinimumTimeToClimbAeroData.mat;
% ---------- U.S.1976 Standard Atmosphere ----------%
% --------------------------------%
% Format of Data:%
```

```
% Column 1:Altitude(m)%
% Column 2:Atmospheric Density(kg/m^3)% % Column 3:Speed of Sound(m/s)%
% ---------------------------------- %
us1976 = [ -2000 1.478e+00 3.479e+02
          0 1.225e+00 3.403e+02
          2000 1.007e+00 3.325e+02
          4000 8.193e-01 3.246e+02
          6000 6.601e-01 3.165e+02
          8000 5.258e-01 3.081e+02
          10000 4.135e-01 2.995e+02
          12000 3.119e-01 2.951e+02
          14000 2.279e-01 2.951e+02
          16000 1.665e-01 2.951e+02
          18000 1.216e-01 2.951e+02
          20000 8.891e-02 2.951e+02
          22000 6.451e-02 2.964e+02
          24000 4.694e-02 2.977e+02
          26000 3.426e-02 2.991e+02
          28000 2.508e-02 3.004e+02
          30000 1.841e-02 3.017e+02
          32000 1.355e-02 3.030e+02
          34000 9.887e-03 3.065e+02
          36000 7.257e-03 3.101e+02
          38000 5.366e-03 3.137e+02
          40000 3.995e-03 3.172e+02
          42000 2.995e-03 3.207e+02
          44000 2.259e-03 3.241e+02
          46000 1.714e-03 3.275e+02
          48000 1.317e-03 3.298e+02
          50000 1.027e-03 3.298e+02
          52000 8.055e-04 3.288e+02
          54000 6.389e-04 3.254e+02
          56000 5.044e-04 3.220e+02
          58000 3.962e-04 3.186e+02
          60000 3.096e-04 3.151e+02
          62000 2.407e-04 3.115e+02
          64000 1.860e-04 3.080e+02
          66000 1.429e-04 3.044e+02
          68000 1.091e-04 3.007e+02
          70000 8.281e-05 2.971e+02
          72000 6.236e-05 2.934e+0274000
          4.637e-05 2.907e+02
```

```
                    76000 3.430e-05 2.880e+02
                    78000 2.523e-05 2.853e+02
                    80000 1.845e-05 2.825e+02
                    82000 1.341e-05 2.797e+02
                    84000 9.690e-06 2.769e+02
                    86000 6.955e-06 2.741e+02];
%------------------------------------%
%--------Propulsion Data for Bryson Aircraft --------%
%------------------------------------%
% The thrust depends for the aircraft considered by Bryson in 1969 %
% depends upon the Mach number and the altitude.This data is taken%
% verbatim from the 1969 Journal of Aircraft paper (see reference %
% above) and is copied for use in this example.The data are stored%
% in the following variables:%
% - Mtab:a vector of values of Mach number %
% - alttab:a vector of altitude values %
% - Ttab:is a table of aircraft thrust values %
% After conversion,the altitude given in meters.%
% After conversion,the thrust given in Newtons.%
%------------------------------------%
Mtab = [0;0.2;0.4;0.6;0.8;1;1.2;1.4;1.6;1.8];
alttab = 304.8*[0 5 10 15 20 25 30 40 50 70];
Ttab = 4448.222*[24.2 24.0 20.3 17.3 14.5 12.2 10.2 5.7 3.4 0.1;
28.0 24.6 21.1 18.1 15.2 12.8 10.7 6.5 3.9 0.2;
28.3 25.2 21.9 18.7 15.9 13.4 11.2 7.3 4.4 0.4;
30.8 27.2 23.8 20.5 17.3 14.7 12.3 8.1 4.9 0.8;
34.5 30.3 26.6 23.2 19.8 16.8 14.1 9.4 5.6 1.1;
37.9 34.3 30.4 26.8 23.3 19.8 16.8 11.2 6.8 1.4;
36.1 38.0 34.9 31.3 27.3 23.6 20.1 13.4 8.3 1.7;
36.1 36.6 38.5 36.1 31.6 28.1 24.2 16.2 10.0 2.2;
36.1 35.2 42.1 38.7 35.7 32.0 28.1 19.3 11.9 2.9;
36.1 33.8 45.7 41.3 39.8 34.6 31.1 21.7 13.3 3.1];
%------------------------------------%
%--------Aerodynamic Data for Bryson Aircraft --------%
%------------------------------------%
% M2 is a vector of Mach number values %
% Clalphatab is a vector of coefficient of lift values %
% CD0tab is a vector of zero-lift coefficient of drag values %
% - etatab is a vector of load factors %
%------------------------------------%
M2 = [0 0.4 0.8 0.9 1.0 1.2 1.4 1.6 1.8];
Clalphatab = [3.44 3.44 3.44 3.58 4.44 3.44 3.01 2.86 2.44];
```

```
CD0tab = [0.013 0.013 0.013 0.014 0.031 0.041 0.039 0.036 0.035];
etatab = [0.54 0.54 0.54 0.75 0.79 0.78 0.89 0.93 0.93];
% ---------------------------------%
% --All Data Required by User Functions is Stored in AUXDATA --%
% ---------------------------------%
auxdata.CDdat = CDdat;
auxdata.CLdat = CLdat;
auxdata.etadat = etadat;
auxdata.M = Mtab;
auxdata.M2 = M2;
auxdata.alt = alttab;
auxdata.T = Ttab;
auxdata.Clalpha = Clalphatab;
auxdata.CD0 = CD0tab;
auxdata.eta = etatab;
auxdata.ppCLalpha = polyfit(auxdata.M2,auxdata.Clalpha,8);
auxdata.ppCD0 = polyfit(auxdata.M2,auxdata.CD0,8);
auxdata.ppeta = polyfit(auxdata.M2,auxdata.eta,8);
auxdata.Re = 6378145;
auxdata.mu = 3.986e14;
auxdata.S = 49.2386;
auxdata.g0 = 9.80665;
auxdata.Isp = 1600;
auxdata.H = 7254.24;
auxdata.rho0 = 1.225;
auxdata.us1976 = us1976;
[aa,mm] = meshgrid(alttab,Mtab);
auxdata.aa = aa;
auxdata.mm = mm;
% ---------------------------------%
% ------------- Boundary Conditions -------------%
% ---------------------------------%
t0 = 0;% Initial time(sec)
alt0 = 0;% Initial altitude(meters)
altf = 19994.88;% Final altitude(meters)
speed0 = 129.314;% Initial speed(m/s)
speedf = 295.092;% Final speed(m/s)
fpa0 = 0;% Initial flight path angle(rad)
fpaf = 0;% Final flight path angle(rad)
mass0 = 19050.864;% Initial mass(kg)
% ---------------------------------%
% ------------- Limits on Variables -------------%
% ---------------------------------%
```

```
tfmin = 100;tfmax = 800;
altmin = 0;altmax = 21031.2;
speedmin = 5;speedmax = 1000;
fpamin = -40*pi/180;fpamax = 40*pi/180;
massmin = 22;massmax = 20410;
alphamin = -pi/4;alphamax = pi/4;
%----------------------------------------%
%-------- Set Up Problem Using Data Provided Above ------%
%----------------------------------------%
bounds.phase.initialtime.lower = t0;
bounds.phase.initialtime.upper = t0;
bounds.phase.finaltime.lower = tfmin;
bounds.phase.finaltime.upper = tfmax;
bounds.phase.initialstate.lower = [alt0,speed0,fpa0,mass0];
bounds.phase.initialstate.upper = [alt0,speed0,fpa0,mass0];
bounds.phase.state.lower = [altmin,speedmin,fpamin,massmin];
bounds.phase.state.upper = [altmax,speedmax,fpamax,massmax];
bounds.phase.finalstate.lower = [altf,speedf,fpaf,massmin];
bounds.phase.finalstate.upper = [altf,speedf,fpaf,massmax];
bounds.phase.control.lower = alphamin;
bounds.phase.control.upper = alphamax;
%----------------------------------------%
%----------Provide Guess of Solution ----------%
%----------------------------------------%
guess.phase.time = [0;1000];
guess.phase.state(:,1) = [alt0;altf];
guess.phase.state(:,2) = [speed0;speedf];
guess.phase.state(:,3) = [fpa0;fpaf];
guess.phase.state(:,4) = [mass0;mass0];
guess.phase.control = [20;-20]*pi/180;
%----------------------------------------%
%------Provide Mesh Refinement Method and Initial Mesh -----%
%----------------------------------------%
mesh.method = 'hp-LiuRao-Legendre';
mesh.tolerance = 1e-6;
mesh.colpointsmin = 4;
mesh.colpointsmax = 10;
mesh.sigma = 0.75;
% mesh.colpointsmax = 100;
% mesh.colpoints = 10;
% mesh.fraction = 1;
%----------------------------------------%
%----- Configure Setup Using the information provided -----%
```

```
% ---------------------------------- %
setup.name = 'Bryson - Minimum - Time - to - Climb - Problem';
setup.functions.continuous = @ brysonMinimumTimeToClimbContinuous;
setup.functions.endpoint = @ brysonMinimumTimeToClimbEndpoint;
setup.displaylevel = 2;
setup.nlp.solver = 'ipopt';
setup.nlp.ipoptoptions.linear solver = 'ma57';
setup.bounds                            = bounds;
setup.guess                             = guess;
setup.mesh                              = mesh;
setup.auxdata                           = auxdata;
setup.derivatives.supplier              = 'sparseCD';
% setup.derivatives.supplier            = 'adigator';
setup.derivatives.derivativelevel       = 'second';
setup.derivatives.dependencies          = 'sparseNaN';
setup.scales.method                     = 'automatic - bounds';
setup.method                            = 'RPM - Differentiation';
% ---------------------------------- %
% ---------- Solve Problem Using GPOPS2 ---------- %
% ---------------------------------- %
output = gpops2(setup);

% ---------------------------------- %
% Begin Function:minimumTimeToClimbContinuous.m %
% ---------------------------------- %
function phaseout = brysonMinimumTimeToClimbContinuous(input)
CONSTANTS = input.auxdata;
us1976 = CONSTANTS.us1976;
Ttab = CONSTANTS.T;
mu = CONSTANTS.mu;
S = CONSTANTS.S;
g0 = CONSTANTS.g0;
Isp = CONSTANTS.Isp;
Re = CONSTANTS.Re;
x = input.phase(1).state;
u = input.phase(1).control;
h = x(:,1);
v = x(:,2);
fpa = x(:,3);
mass = x(:,4);
alpha = u(:,1);
r = h + Re;
rho = interp1(us1976(:,1),us1976(:,2),h,'spline');
sos = interp1(us1976(:,1),us1976(:,3),h,'spline');
```

```
Mach = v./sos;
[CD0,Clalpha,eta] = brysonMinimumTimeToClimbCompute(Mach,CONSTANTS);
Thrust = interp2(CONSTANTS.aa,CONSTANTS.mm,Ttab,h,Mach,'spline');
CD = CD0 + eta.*Clalpha.*alpha.^2;
CL = Clalpha.*alpha;
q = 0.5.*rho.*v.*v;
D = q.*S.*CD;
L = q.*S.*CL;
hdot = v.*sin(fpa);
vdot =(Thrust.*cos(alpha)-D)./mass - mu.*sin(fpa)./r.^2;
fpadot =(Thrust.*sin(alpha)+L)./(mass.*v)+cos(fpa).*(v./r-mu./(v.*r.^2));
mdot = -Thrust./(g0.*Isp);
phaseout.dynamics = [hdot,vdot,fpadot,mdot];
% ---------------------------------- %
% End Function:minimumTimeToClimbContinuous.m %
% ---------------------------------- %

% ---------------------------------- %
% Begin Function:brysonMinimumTimeToClimbEndpoint.m %
% ---------------------------------- %
function output = brysonMinimumTimeToClimbEndpoint(input);
output.objective = input.phase(1).finaltime;
% ---------------------------------- %
% End Function:brysonMinimumTimeToClimbEndpoint.m %
% ---------------------------------- %


% ---------------------------------- %
% Begin Function:minimumTimeToClimbCompute.m %
% ---------------------------------- %
function [CD,CL,eta] = minimumTimeToClimbCompute(Mach,CONSTANTS)
CDdat = CONSTANTS.CDdat;
CLdat = CONSTANTS.CLdat;
etadat = CONSTANTS.etadat;
% ii = find(Mach≥0.8);
% jj = find(Mach<0.8);
ii = Mach≥0.8;
jj = Mach<0.8;
mpoly = Mach(ii);
CD = zeros(length(Mach),1);
CL = zeros(length(Mach),1);
eta = zeros(length(Mach),1);
if any(ii)
CD(ii) = ppval(CDdat,mpoly);
```

```
CL(ii) = ppval(CLdat,mpoly);
eta(ii) = ppval(etadat,mpoly);
end
if any(jj)
CD(jj) = 0.013;
CL(jj) = 3.44;
eta(jj) = 0.54;
end
% ----------------------------------------- %
% End Function:minimumTimeToClimbCompute.m %
% ----------------------------------------- %
```

运行上述代码得到的仿真结果见图 3.5 中。

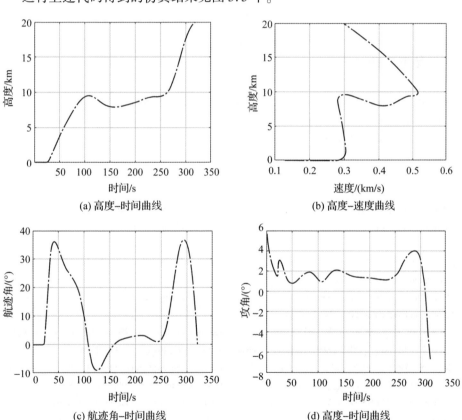

(a) 高度-时间曲线

(b) 高度-速度曲线

(c) 航迹角-时间曲线

(d) 高度-时间曲线

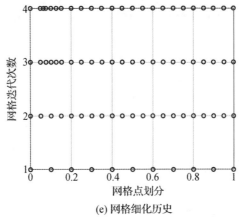

(e) 网格细化历史

图 3.5　代码运行结果

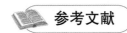

[1] 袁方.最优过程理论在飞行轨迹优化计算中的应用[J].飞行力学,2000,18(1):4.

[2] 雍恩米,陈磊,唐国金.飞行器轨迹优化数值方法综述[J].宇航学报,2008,29(2):397-406.

[3] 杨希祥,杨慧欣,王鹏.伪谱法及其在飞行器轨迹优化设计领域的应用综述[J].国防科技大学学报,2015,37(4):8.

[4] 任鹏飞,王洪波,周国峰.基于自适应伪谱法的高超声速滑翔飞行器再入轨迹优化[J].北京航空航天大学学报,2019,45(11):9.

[5] BENSON D A, HUNTINGTON G T, THORVALDSEN T P, et al. Direct Trajectory Optimization and Costate Estimation via an Orthogonal Collocation Method[J]. Journal of Guidance Control, and Dynamics,2006,24(6):1435-2440.

[6] REDDIEN G W. Collocation at Gauss Points as a Discretization in Optimal Control [J]. SIAM Journal on Control and Optimization,1979,24(6):298-306.

[7] FAHROO F, ROSS M I. Costate Estimation by a Legendre Pseudospectral Method[C]. Journal of Guidance Control and Dynamics,2001,24(2):270-277.

[8] ELNAGAR G, KAZEMI M A, RAZZAGHI M. The Pseudospectral Legendre Method for Discretizing Optimal Control Problems[J]. IEEE Transactions on Automatic Control,1995,40(10):1793-1796.

[9] KAMESWARAN S, BIEGLER L T. Convergence Rates for Direct Transcription of Optimal Control Problems Using Collocation at Radau Points[J]. Computational Optimization and Applications,2008,41(1):81-126.

[10] GARG D, PATTERSON A M, FRANCOLIN C, et al. Direct Trajectory Optimization and Costate Estimation Offinite-Horizon and Infinite-Horizon Optimal Control Problems Using a Radau Pseudospectral Method[J]. Computational Optimization and Applications,2011,49(2):335-358.

第4章 快速轨迹优化数值方法

4.1 基于凸优化方法的再入轨迹优化

4.1.1 凸优化理论基础

凸优化是静态优化问题中的一类,当待求解的静态优化问题满足一定条件时,可简化为凸优化问题。其中,"凸"的概念担当着重要的角色,它涵盖了凸集、凸函数及凹函数等概念。凸优化问题一个显著的特点就是:当一个优化问题满足一定的凸化条件时,局部极值点的一阶必要性扩展为全局极值点的充分必要条件;当凸条件严格凸时,优化问题将具有唯一全局极值点。凸函数和凹函数分别在最小和最大优化问题中起着非常重要的作用,这是因为:在具有凸约束集和凸目标函数的优化问题中,可以通过一阶条件求解全局最小极值点;而在具有凸约束集和凹目标函数的优化问题中,可以通过一阶条件求解全局最大极值点。从这个意义上讲,当一个优化问题的约束集和目标函数均为凸时,称之为凸最小优化问题。本小节主要对凸优化基本理论进行简要介绍[1]。

4.1.1.1 仿射集合与凸集

1. 直线与线段

设 x_1 和 x_2 为 $\mathbb{R}^n$ 中的两点,且 $x_1 \neq x_2$,那么具有下列形式的点:

$$y = \theta x_1 + (1-\theta) x_2, \theta \in \mathbb{R}$$

是一条穿过 x_1 和 x_2 的直线。当参数 $\theta = 0$ 时对应直线 $y = x_2$,当参数 $\theta = 0$ 对应直线 $y = x_1$,当 $\theta \in (0,1)$ 时,则构成穿过 x_1 和 x_2 的线段。

图4.1直观地给出了解释。通过 x_1 和 x_2 的直线可以参数化地描述为 $\theta x_1 + (1-\theta) x_2$,其中 θ 在 $\mathbb{R}$ 上变化。x_1 和 x_2 之间的线段对应的 θ 处于 0~1 之间。

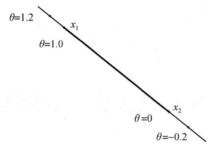

图 4.1　直线与线段几何表示

2. 仿射集合

如果通过集合 $C\subseteq\mathbb{R}^n$ 中任意两个不同点的直线仍然在集合 C 中,那么称集合 C 是仿射的。也就是说,$C\subseteq\mathbb{R}^n$ 是仿射的等价于:对于任意 $x_1,x_2\in C$ 及 $\theta\in\mathbb{R}$ 有 $\theta x_1+(1+\theta)x_2\in C$。换言之,$C$ 包含了 C 中任意两点的系数之和为 1 的线性组合。

仿射的概念可以扩展到多个点的情况。如果 $\theta_1+\theta_2+\cdots+\theta_k=1$,我们称具有 $\theta_1 x_1+\theta_2 x_2+\cdots+\theta_k x_k$ 形式的点为 $x_1,x_2,\cdots,x_k$ 的仿射组合。结合仿射集合的定义,可以归纳出以下结论:一个仿射几何包含其中任意点的仿射组合,即如果 C 是一个仿射组合,$x_1,x_2,\cdots,x_k\in C$,并且 $\theta_1+\theta_2+\cdots+\theta_k=1$,那么 $\theta_1 x_1+\theta_2 x_2+\cdots+\theta_k x_k$ 仍然在 C 中。

由集合 $C\subseteq\mathbb{R}^n$ 中的点所有仿射组合构成的集合为 C 的仿射包,用 aff$C$ 表示:

$$\text{aff}C=\{\theta_1 x_1+\theta_2 x_2+\cdots+\theta_k x_k\mid x_1,x_2,\cdots,x_k\in C,\theta_1+\theta_2+\cdots+\theta_k=1\}$$

仿射包是包含 C 的最小仿射集合,也就是说,如果 S 是满足 $C\subseteq S$ 的仿射集合,那么 aff$C\subseteq S$。

下面给出一个典型的仿射集合——线性方程组的解集:

线性方程组的解集 $C=\{x\mid Ax=b\}$,其中 $A=\mathbb{R}^{m\times n},b\in\mathbb{R}^m$ 是一个仿射集合。为说明 C 是一个仿射集合,设 $x_1,x_2\in C$,即 $Ax_1=b,Ax_2=b$。则对于任意 θ 有

$$A(\theta x_1+(1-\theta)x_2)=\theta Ax_1+(1-\theta)x_2$$
$$=\theta b+(1-\theta)b$$
$$=b$$

这表明,任意的仿射组合也在 C 中。反之,任意仿射组合都可以表示一个线性方程组的解。

3. 凸集

如果 C 中任意两点间的线段仍然在 C 中,即对于任意 $x_1,x_2\in C$ 和满足 $0\leq\theta\leq 1$

的 θ 都有
$$\theta x_1 + (1-\theta)x_2 \in C$$
那么就称集合 C 为凸集。

从图形的角度出发,如果集合中的每一点都可以被其他点沿着它们之间一条无阻碍的路径看见,那么这个集合就是凸集。"无阻碍"是指整条路径都在集合中。由于仿射集包含穿过集合中任意不同两点的整条直线,任意不同两点间的线段自然也在其中。因此仿射集是凸集。图 4.2 展示了一些 $\mathbb{R}^2$ 中简单的凸集和非凸集:左边包含其边界的六边形集合是凸的;中间的肾形集合不是凸的,因为图中所示两点的线段不在集合之中;右侧仅包含部分边界的正方形集合也不是凸集,因为在边界上的两点间的线段不在集合中。

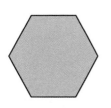
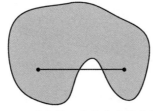

图 4.2　$\mathbb{R}^2$ 中的一些凸集和非凸集

我们称点 $\theta_1 x_1 + \theta_2 x_2 + \cdots + \theta_k x_k$ 为点 $x_1, x_2, \cdots, x_k$ 的一个凸组合,其中 $\theta_1 + \theta_2 + \cdots + \theta_k = 1$,并且 $\theta_i \geq 0, i=1,2,\cdots,k$。与仿射集合类似,一个集合是凸集等价于该组合包含其中所有的点的凸组合。

与仿射包的定义类似,集合 C 中所有点的凸组合的集合为其凸包,记为 $\mathrm{conv} C$:
$$\mathrm{conv} C = \{\theta_1 x_1 + \cdots + \theta_k x_k \mid x_i \in C, \theta_i \geq 0, i=1,2,\cdots,k, \theta_1 + \theta_2 + \cdots + \theta_k = 1\}$$

从凸包的名字来看便可以知道,凸包总是凸的。它是包含 C 的最小的凸集。也就是说,如果 B 是包含 C 的凸集,那么 $\mathrm{conv} C \subseteq B$。图 4.3 展示了定义在 $\mathbb{R}^2$ 上两个集合的凸包:左图表示的是 15 个点的集合的凸包,它是一个五边形;右图的肾形集合的凸包是阴影所示区域。

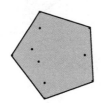
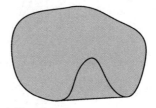

图 4.3　$\mathbb{R}^2$ 中的一些凸包

4. 锥

如果对于任意 $x \in C$ 和 $\theta \geq 0$ 都有 $\theta x \in C$，那么称集合 C 是锥或者非负齐次。如果集合 C 是锥，并且是凸的，则称 C 为凸锥，即对于任意 $x_1, x_2 \in C$ 和 $\theta_1, \theta_2 \geq 0$，都有

$$\theta_1 x_1 + \theta_2 x_2 \in C$$

从几何的角度上看，具有此类特征的点构成了二维的扇形，这个扇形是以 0 为顶点，边通过 x_1 和 x_2，如图 4.4 所示。

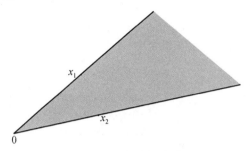

图 4.4 锥的几何表示

具有 $\theta_1 x_1 + \theta_2 x_2 + \cdots + \theta_k x_k, \theta_1, \theta_2, \cdots, \theta_k \geq 0$ 形式的点称为 $x_1, x_2, \cdots, x_k$ 的锥组合，或者非负线性组合。如果 x_i 均属于凸锥 C，那么 x_i 的每个锥组合也在 C 中。换言之，集合 C 是凸锥的充要条件是它包含其元素的所有锥组合。

集合 C 的锥包是 C 中元素的所有锥组合的集合，即

$$\{\theta_1 x_1 + \theta_2 x_2 + \cdots + \theta_k x_k \mid x_i \in C, \theta_i \geq 0, i = 1, 2, \cdots, k\}$$

与凸包类似，锥包是包含 C 的最小凸锥。图 4.5 展示了图 4.3 中集合的锥包。

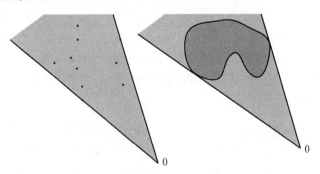

图 4.5 图 4.3 中两个集合的锥包

4.1.1.2 凸函数

1. 凸函数的定义

凸函数是一类在优化问题中尤其重要的标量函数。在上一节已经得到了关于

凸集的定义，即如果 C 中任意两点间的线段仍然在 C 中，即对于任意 $x_1, x_2 \in C$ 和满足 $0 \leq \theta \leq 1$ 的 θ 都有

$$\theta x_1 + (1-\theta) x_2 \in C \tag{4.1.1}$$

那么就称集合 C 为凸集。

以凸集的概念作为基础，可以进一步得到凸函数的概念：如果 $\text{dom} f$ 是凸集，且对于任意 $x, y \in \text{dom} f$ 和任意 $0 \leq \theta \leq 1$，式(4.1.2)成立，则称 f 为凸函数。

$$f(\theta x + (1-\theta) y) \leq \theta f(x) + (1-\theta) f(y) \tag{4.1.2}$$

从几何意义上看，上述不等式意味着点 $(x, f(x))$ 和 $(y, f(y))$ 之间的线段，即 x 到 y 的弦，在函数图像的上方(图4.6)。如果式(4.1.2)中的不等式 $x \neq y$ 以及 $0 < \theta < 1$ 严格成立，那么称函数 f 为严格凸的。

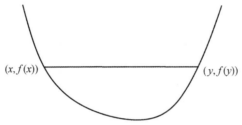

图 4.6 凸函数的几何示意

同样地，当且仅当对于 $\forall x, y \in D$ 及 $0 \leq \theta \leq 1$ 都有式(4.1.3)成立，则称 f 为凹函数。

$$f(\theta x + (1-\theta) y) \geq \theta f(x) + (1-\theta) f(y) \tag{4.1.3}$$

并且如果式(4.1.3)中的不等式 $x \neq y$ 以及 $0 < \theta < 1$ 严格成立，那么称函数 f 为严格凹的。

若函数 $f: \mathbb{R}^n \to \mathbb{R}^m$，对于任意 $x, y \in \mathbb{R}^n$，存在

$$f(\theta x + (1-\theta) y) = \theta f(x) + (1-\theta) f(y)$$

则称函数 f 为仿射函数。

需要注意的是，对于仿射函数，不等式(4.1.2)和不等式(4.1.3)总是成立的，因此所有的仿射函数(包括线性函数)既是凸的也是凹的。反之，如果某个函数既是凸的也是凹的，那么该函数一定是仿射函数。

2. 凸函数的一阶条件

假设 f 可微，即其梯度 ∇f 在开集 $\text{dom} f$ 内处处存在，则函数 f 是凸函数的充要条件是 $\text{dom} f$ 是凸集且对于任意 $x, y \in \text{dom} f$，式(4.1.4)成立

$$f(y) \geq f(x) + \nabla f(x)^{\text{T}} (y - x) \tag{4.1.4}$$

图4.7从几何的角度刻画了式(4.1.4)的形式,从图中可以看出函数f在$(x,f(x))$处的切线总是在函数的下方。

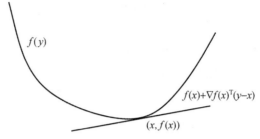

图4.7 凸函数一阶条件的几何表示

严格凸性同样可以用一阶条件进行刻画:函数f严格凸的充要条件是$\mathrm{dom}\,f$是凸集且对于任意$x,y\in\mathrm{dom}\,f,x\neq y$,有

$$f(y)>f(x)+\nabla f(x)^{\mathrm{T}}(y-x) \quad (4.1.5)$$

对于凹函数,同样存在一阶条件:函数f严格凸的充要条件是$\mathrm{dom}\,f$是凸集且对于任意$x,y\in\mathrm{dom}\,f$,有

$$f(y)\leqslant f(x)+\nabla f(x)^{\mathrm{T}}(y-x) \quad (4.1.6)$$

在这里只给出一阶条件的具体内容,其详细证明可以参考文献[1]。

3. 凸函数的二阶条件

假设f二阶可微,即对于开集$\mathrm{dom}\,f$内的任意一点,它的Hessian矩阵或者二阶导数$\nabla^2 f$存在,则函数f是凸函数的充要条件是其Hessian矩阵是半正定矩阵:即对于所有的$x\in\mathrm{dom}\,f$,式(4.1.7)成立。

$$\nabla^2 f\geqslant 0 \quad (4.1.7)$$

对于定义在$\mathbb{R}$上的函数f,上式可以简化为一个简单的条件$f''(x)\geqslant 0$,此条件说明函数f的导数是非减的。在图像的角度上,条件$\nabla^2 f\geqslant 0$说明函数图像在点x处具有正曲率。

同样地,函数f是凹函数的充要条件为:$\mathrm{dom}\,f$是凸集且对于任意$x\in\mathrm{dom}\,f$,$\nabla^2 f\leqslant 0$。严格凸的充分条件可以由二阶条件进行刻画:如果对于任意$x\in\mathrm{dom}\,f$且$\nabla^2 f>0$,则函数f是严格凸的。但是需要注意的是,该条件不是必要条件:考虑函数$f:\mathbb{R}\to\mathbb{R},f(x)=x^4$,它是严格凸的,但是在$x=0$处,二阶导数为0。

在这里需要额外提醒到,凸函数和凹函数可以通过改变符号实现等价变换,因此从本质上来说凹函数就是"凸函数"。因此,函数实际上只有凸和非凸之分,而不是凸和凹之分。

4. 常见的几种凸函数

前面已经给出了仿射集、凸集以及凸函数的相关概念,这里介绍几种常见的凸函数的例子,读者在实际问题中遇到此类函数不需要证明其凹凸性。考虑定义在 $\mathbb{R}$ 上的函数,其自变量为 x:

- 指数函数。对任意 $a \in \mathbb{R}$,函数 e^{ax} 在 $\mathbb{R}$ 上是凸函数。
- 幂函数。当 $a \leq 0$ 或 $a \geq 1$ 时,x^a 在 $\mathbb{R}_{++}$ 上是凸函数,当 $0 \leq a \leq 1$ 时,x^a 在 $\mathbb{R}_{++}$ 上是凹函数。
- 对数函数。函数 $\log x$ 在 $\mathbb{R}_{++}$ 上是凹函数。

以上函数凹凸性的证明可以通过二阶条件快速得到。

- 范数。$\mathbb{R}^n$ 上的任意范数均为凸函数。

证明:如果函数 $f:\mathbb{R}^n \to \mathbb{R}$ 是范数,任取 $0 \leq \theta \leq 1$,根据三角不等式以及范数的齐次性可得:

$$f(\theta x + (1-\theta)y) \leq f(\theta x) + f((1-\theta)y) = \theta f(x) + (1-\theta)f(y)$$

因此,范数是凸函数。

需要注意的是,零范数虽然称为范数,但是其并不满足范数的定义,因此零范数不是标准意义上的范数,因此也并不是凸函数。

- 最大值函数:函数 $f(x) = \max\{x_1, x_2, \cdots, x_n\}$ 在 $\mathbb{R}^n$ 上是凸的。

证明:对任意 $0 \leq \theta \leq 1$,函数 $f(x) = \max_i x_i$ 满足

$$\begin{aligned} f(\theta x + (1-\theta)y) &= \max_i(\theta x_i + (1-\theta)y_i) \\ &\leq \theta \max_i x_i + (1-\theta)\max_i y_i \\ &= \theta f(x) + (1-\theta)f(y) \end{aligned}$$

4.1.1.3 凸优化

1. 优化问题

以下形式被称为一般优化问题

$$\begin{aligned} \min \quad & f_0(x) \\ \text{s.t.} \quad & f_i(x) \leq 0, \quad i=1,2,\cdots,m \\ & h_i(x) = 0, \quad i=1,2,\cdots,m \end{aligned} \quad (4.1.8)$$

式中:$x \in \mathbb{R}^n$ 为优化变量;函数 $f_0:\mathbb{R}^n \to \mathbb{R}$ 为目标函数或者是代价函数。不等式 $f_i(x) \leq 0$ 被称为不等式约束,方程 $h_i(x) = 0$ 被称为等式约束。如果问题中没有约束(即 $m = n = 0$),则称该问题为无约束问题。

对目标和所有约束函数有定义的点的集合

$$D = \bigcap_{i=0}^{m} \text{dom} f_i \cap \bigcap_{i=1}^{n} \text{dom} h_i$$

称为问题(4.1.8)的定义域。当点 $x \in D$ 并满足约束 $f_i(x) \leq 0$ 和 $h_i(x) = 0$ 时,称 x 是可行的。当问题(4.1.8)至少有一个可行点时,则称其是可行的,否则称为不可行。所有可行点的集合称为可行集。

如果 $\boldsymbol{x}^*$ 是可行的并且 $f_0(\boldsymbol{x}^*) = p^*$,则称 $\boldsymbol{x}^*$ 为最优点,所有最优解的集合称为最优集,记为

$$X_{\text{opt}} = \{x \mid f_i(x) \leq 0, i = 1, 2, \cdots, m, h_i(x) = 0, i = 1, 2, \cdots, p, f_0(x) = p^*\}$$

如果问题(4.1.8)存在最优解,则称最优值是可达的,问题(4.1.8)是可解的。如果 X_{opt} 是空集,则称最优值是不可达的。

2. 凸优化

结合上述凸函数以及优化相关概念,给出凸优化问题的一般形式:

$$\begin{aligned} \min \quad & f_0(x) \\ \text{s.t.} \quad & f_i(x) \leq 0, \quad i = 1, 2, \cdots, m \\ & \boldsymbol{a}_i^{\mathrm{T}} x = b_i, \quad i = 1, 2, \cdots, p \end{aligned} \quad (4.1.9)$$

对比式(4.1.9)和式(4.1.8),凸优化问题有 3 个必须要满足的条件:
- 目标函数必须为凸函数;
- 不等式约束必须是凸的;
- 等式约束 $h_i(x) = \boldsymbol{a}_i^{\mathrm{T}} x - b_i$ 必须为仿射函数。

下面给出一个优化问题的例子,如式(4.1.10)所示:

$$\begin{aligned} \min \quad & x_1^2 + x_2^2 \\ \text{s.t.} \quad & \begin{cases} x_1 \leq 0 \\ x_1 + x_2 = 0 \end{cases} \end{aligned} \quad (4.1.10)$$

可以看出,对应于标准的凸优化问题,该优化问题中 $m = 1, n = 2, \boldsymbol{A} = [1 \quad 1]$,$b = 0$,并且 $f_0(x) = x_1^2 + x_2^2$ 均为凸函数,因此这也是一个凸优化问题。从式(4.1.10)中的等式约束可得到 $x_2 = -x_1$,所以 $f_0(x)$ 可以转化为 $f_0(x) = x_1^2 + x_2^2 = 2x_1^2$,显然,其最小值位于 $x_1 \leq 0$ 半球的 $x_1 = 0$ 点处。因此最初的最优问题确实有一个全局解 $\boldsymbol{x}^* = [0, 0]^{\mathrm{T}}$ 且 $f_0(\boldsymbol{x}^*) = 0$。

基于包含约束的标准凸优化问题形式,给出几个具体的形式。首先是最小二乘优化问题,其标准形式如下:

$$J(x) = \| \boldsymbol{A}x - b \|_2^2 = (\boldsymbol{A}x - b)^{\mathrm{T}}(\boldsymbol{A}x - b) \quad (4.1.11)$$

式中,$\boldsymbol{A} \in \mathbb{R}^{m \times n}, b \in \mathbb{R}^m, \text{rank}(\boldsymbol{A}) = n$,要求能找到使式(4.1.11)所示的优化指标最小的 $x \in \mathbb{R}^n$。该最小二乘优化问题的解析解如下:

$$\boldsymbol{x}^* = (\boldsymbol{A}^{\mathrm{T}}\boldsymbol{A})^{-1}\boldsymbol{A}^{\mathrm{T}}b \quad (4.1.12)$$

上述解析解主要应用于确定的小规模最优问题或者确定的解析问题。然而由于计算量过大的原因使该解析解并不适用于大规模的优化问题。然而只要存在可靠而又有效的求解工具,该解析解依然适用。求解最小二乘最优问题的时间与 mn^2 成正比,如果它是标准化的问题,计算时间将进一步减少。目前,最小二乘优化已经是一项成熟的技术并且在很多领域得到成功的应用。

其次是线性优化问题,其标准形式如下:

$$\begin{aligned} \min \quad & \boldsymbol{c}^{\mathrm{T}}\boldsymbol{x} \\ \text{s.t.} \quad & \boldsymbol{a}_i^{\mathrm{T}}\boldsymbol{x} \leqslant b_i, i=1,2,\cdots,m \end{aligned} \quad (4.1.13)$$

式中,$\boldsymbol{c},\boldsymbol{a}_i \in \mathbb{R}^n, i=1,2,\cdots,m$。与最小二乘优化问题不同,广义的线性优化问题不存在解析解,然而同样存在着可靠而又高效的算法和软件来求解线性优化问题;与最小二乘优化问题同样,线性优化问题也已成为一项成熟的技术并且在很多领域得到成功的应用。在工程实践应用中,线性优化问题不像最小二乘优化问题一样容易转换,其中存在一些标准化策略可将一般的最优问题转换为线性优化问题。最为重要的二次型(quadratic programming,QP)问题,其形式如下:

$$\begin{aligned} \min \quad & \frac{1}{2}\boldsymbol{x}^{\mathrm{T}}\boldsymbol{P}\boldsymbol{x} + \boldsymbol{q}^{\mathrm{T}}\boldsymbol{x} + r \\ \text{s.t.} \quad & \boldsymbol{G}\boldsymbol{x} \leqslant \boldsymbol{h}, \boldsymbol{A}\boldsymbol{x} = \boldsymbol{b} \end{aligned} \quad (4.1.14)$$

式中:$\boldsymbol{q}$、r、$\boldsymbol{h}$、$\boldsymbol{b}$ 均为一定维度的矢量;$\boldsymbol{G}$、$\boldsymbol{A}$、$\boldsymbol{P}$ 均为一定维度的矩阵,并且 $\boldsymbol{P}$ 为正定对称矩阵。关于二次型优化问题,有相关结论:既然 $\boldsymbol{P}$ 为正定对称矩阵,那么目标函数为凸二次型;该二次型优化问题是在一个多面体中使二次函数最小;最小二乘优化问题可以视为二次型问题的一个特例。

利用凸优化算法求解的过程大都是先将确定的最优化问题转换为凸优化的形式,这个过程可能会忽略掉非线性等多种因素。因此欲利用凸优化算法求解最优化问题,需要用到一个重要的理论前提。

$$\begin{aligned} \min \quad & f_0(x) \\ \text{s.t.} \quad & x \in \Omega \end{aligned} \quad (4.1.15)$$

由式(4.1.15)所示的凸优化问题的任何局部最优解均为全局最优解。与此同时,当 f_0 是绝对凸函数时,该凸优化问题仅有一个全局最优解。该定理告诉我们凸优化问题的局部和全局最优解是等价的或者仅有一个局部或全局最优解。因此,只要找到了凸优化问题的一个最优解,即为其全局最优解。

在 20 世纪 70 年代早期,最优问题被分为两大类:线性最优问题和非线性最优问题。在当时,线性最优问题被认为是可解的一类最优问题,而非线性最优问题则通常被认为是不可解的一类。是否为线性问题是两大类最优问题的分界线。研究发现,所有的凸最优问题,不论是线性最优问题还是可进行凸化处理的部分非线性最优问题,都具有一个非常好的性质,那就是它们的局部最优解和全局最优解是等价的。也就是说,只要是能够进行凸化处理的最优问题都可以轻易求解,当然前提是能够找到一款优秀的求解工具。从这个意义上讲,是否为线性优化问题已不再是其症结所在,真正的关键问题是最优化问题是否能进行凸化处理而转换为凸优化问题。

本书研究的是高超声速飞行器轨迹优化问题,该优化问题具有非线性多约束的特点。为了说明利用凸优化方法求解该问题的可能性,下面给出函数存在极值的充要条件。首先给定函数 $f:U \to \mathbb{R}$ 为凸函数,其中,$U \subset \mathbb{R}^n$ 为开凸集。约束集 $h_i(x) \geq 0$ ($i=1,2,\cdots,l$)且 $h_i:U \to \mathbb{R}$ 为凹函数。假设存在某个 $\bar{x} \in U$ 使得 $h(\bar{x}) > 0$,那么 x^* 为 f 在集合 $D = \{x \in U \mid h_i(x) \geq 0 (i=1,2,\cdots,l)\}$ 上的极小值点的充要条件是:存在 $\lambda^* \in \mathbb{R}^l$ 使得如下的库恩-塔克一阶条件成立:

$$\begin{cases} \nabla f(x^*) + \sum_{i=1}^{l} \lambda_i^* \nabla h_i(x^*) = 0 \\ \lambda_i^* \geq 0, \lambda_i^* h_i(x^*) = 0 \end{cases} \quad (4.1.16)$$

如上所述,高超声速飞行器再入末段的轨迹优化问题是多约束的非线性优化问题,该原始问题并非标准的凸优化问题,无法使用凸优化方法进行求解。因此求解轨迹优化问题的重要步骤之一就是如何将多约束非线性问题转换为二次型凸优化问题。

4.1.2 再入轨迹优化问题的凸化

对于高超声速滑翔飞行器再入轨迹优化问题,将其构建为一个可以运用凸优化求解的形式是非常重要的。关于高超声速滑翔飞行器再入轨迹优化模型的凸化,主要包括高超声速滑翔飞行器动力学模型凸化、路径约束凸化以及目标函数凸化。

目前,凸化方法和凸优化问题的求解方法多种多样,常用的方法包括序列凸规划[2](sequential convex programing,SCP)、二阶锥规划[3](second-order cone programing,SOCP)和无损凸化[4-5](lossless convexification)。本节以二阶锥规划为例[3],介绍具有强非线性、强耦合、高度非凸性的高超声速滑翔飞行器再入轨迹优化问题如何进行凸化处理,并用原始对偶内点法(primal-dual interior-point methods,IPM)进行求解。

4.1.2.1 高超声速飞行器轨迹优化问题构建

1. 动力学模型建立

高超声速飞行器关于能量的无量纲三自由度动力学模型如下所示:

$$\begin{cases} \dfrac{\mathrm{d}r}{\mathrm{d}e} = \dfrac{\sin\gamma}{\bar{D}} \\ \dfrac{\mathrm{d}\theta}{\mathrm{d}e} = \dfrac{\cos\gamma\sin\psi}{r\bar{D}\cos\phi} \\ \dfrac{\mathrm{d}\phi}{\mathrm{d}e} = \dfrac{\cos\gamma\cos\psi}{r\bar{D}} \\ \dfrac{\mathrm{d}\gamma}{\mathrm{d}e} = \dfrac{1}{v\bar{D}}\left[\bar{L}\cos\sigma + \left(v^2 - \dfrac{1}{r}\right)\dfrac{\cos\gamma}{r} + 2\omega_e v\cos\phi\sin\psi\right] \\ \qquad\quad + \omega_e^2 r\cos\phi(\sin\phi\sin\gamma\cos\psi + \cos\phi\cos\gamma)\Big] \\ \dfrac{\mathrm{d}\psi}{\mathrm{d}e} = \dfrac{1}{v^2\bar{D}}\left[\dfrac{\bar{L}\sin\sigma}{\cos\gamma} + \dfrac{v^2}{r}\tan\phi\cos\gamma\sin\psi + \dfrac{\omega_e^2 r}{\cos\gamma}\cos\phi\sin\phi\sin\psi\right. \\ \qquad\quad \left. - 2\omega_e v(\cos\phi\tan\gamma\cos\psi - \sin\phi)\right] \end{cases} \quad (4.1.17)$$

式中：R 为地心到飞行器的径向距离；θ 和 ϕ 分别为经度和维度；v 为飞行器无量纲速度；γ 为相对飞行路径角；ψ 为航向角；$v = V/\sqrt{g_0 R_0}$ 为无量纲速度；$r = R/R_0$ 为地心距；$\bar{\omega}_e = \omega_e/\sqrt{g_0/R_0}$ 为地球自转角速度；$R_0 = 6378.137\text{km}$ 为地球半径；g_0 为地球自转加速度。无量纲气动升力加速度 $\bar{L}$ 和阻力加速度 $\bar{D}$ 如下：

$$\bar{L} = \dfrac{C_L \rho v^2 R_0 S_r}{2m} \quad (4.1.18)$$

$$\bar{D} = \dfrac{C_D \rho v^2 R_0 S_r}{2m} \quad (4.1.19)$$

式中：ρ 为大气密度，采用指数模型；S_r 为再入飞行器的最大横截面积；C_L 和 C_D 分别为再入飞行器气动升力系数和阻力系数，是关于攻角 α 和马赫数的函数。

式(4.1.17)中的无量纲能量 e 表达形式如下所示：

$$e = \dfrac{1}{r} - \dfrac{v^2}{2} \quad (4.1.20)$$

当忽略地球自转影响时，e 是单调递增的：

$$\dfrac{\mathrm{d}e}{\mathrm{d}\tau} = Dv > 0 \quad (4.1.21)$$

其中 $\tau = t/\sqrt{R_0/g_0}$ 为无量纲时间。若选择以无量纲能量为自变量的微分方程作为高超声速飞行器动力学模型，则可以将式(4.1.17)中关于 v 的微分方程省略，因为

v 可以通过(4.1.20)得到。即

$$v = \sqrt{2(1/r - e)} \tag{4.1.22}$$

在本节中,假设攻角剖面是给定的,因此该问题中的控制变量为倾侧角 σ。定义式(4.1.17)中的状态量为 $\boldsymbol{x} = \begin{bmatrix} r & \theta & \phi & \gamma & \psi \end{bmatrix}^T$,初始状态取初始能量 e_0 处的飞行器状态,即 $\boldsymbol{x}_0 = \boldsymbol{x}(e_0)$。一般终端能量和状态也是事先给定的,针对不同问题,终端状态有不同的表达形式。为不失一般性,在这里假设以下终端约束条件:

$$\begin{cases} r(e_f) = r_f^*, \theta(e_f) = \theta_f^*, \phi(e_f) = \phi_f^* \\ \gamma(e_f) = \gamma_f^*, \psi(e_f) = \psi_f^* \end{cases} \tag{4.1.23}$$

再入飞行中的路径约束包括热流率 $\dot{Q}$、法向过载 n 和动压约束 q,具体的表达形式如式(4.1.24)所示:

$$\begin{cases} \dot{Q} = K_Q (\sqrt{g_0 R_0})^{3.15} \sqrt{\rho} v^{3.15} \leqslant \dot{Q}_{\max} \\ n = \sqrt{L^2 + D^2} \leqslant n_{\max} \\ q = \frac{1}{2} g_0 R_0 \rho v^2 \leqslant q_{\max} \end{cases} \tag{4.1.24}$$

式中 $K_Q = 9.4369 \times 10^{-5}$。由于速度 v 是能量 e 的函数,因此,式(4.1.24)可以转化为以下形式:

$$r(e) \geqslant l_Q(e), r(e) \geqslant l_q(e), r(e) \geqslant l_n(e) \tag{4.1.25}$$

其中 $l_Q(e)$、$l_q(e)$、$l_n(e)$ 可以通过准平衡滑翔条件得到。定义

$$\bar{l}(e) = \max\{l_Q(e), l_q(e), l_n(e)\} \tag{4.1.26}$$

因此,式(4.1.25)等价为以下形式:

$$r(e) \geqslant \bar{l}(e) \tag{4.1.27}$$

2. 控制量选择

如果选择控制量 $u = \sigma$,飞行器动力学模型可以表示为以下形式:

$$\dot{\boldsymbol{x}} = \boldsymbol{f}(\boldsymbol{x}, u, e) \tag{4.1.28}$$

为了应用 SOCP 需要将非线性方程转化为线性方程。然而,在相关研究中发现,若直接对 σ 进行线性化,会产生高频抖振,这会对线性化的收敛性产生很大的影响。原因分析如下:首先对式(4.1.28)进行泰勒展开,得到式(4.1.29)形式:

$$\dot{\boldsymbol{x}} = \boldsymbol{F}_x(\boldsymbol{x}^k, u^k, e)\boldsymbol{x} + \boldsymbol{F}_u(\boldsymbol{x}^k, u^k, e) + b(\boldsymbol{x}^k, u^k, e) \tag{4.1.29}$$

其中,$b(\boldsymbol{x}^k, u^k, e) = \boldsymbol{f}(\boldsymbol{x}^k, u^k, e) - \boldsymbol{F}_x(\boldsymbol{x}^k, u^k, e)\boldsymbol{x}^k - \boldsymbol{F}_u(\boldsymbol{x}^k, u^k, e)u^k$,$\boldsymbol{F}_x = \partial \boldsymbol{f}/\partial \boldsymbol{x}$ 和 $\boldsymbol{F}_u = \partial \boldsymbol{f}/\partial u$ 是关于 $\boldsymbol{x}$ 和 u 的雅可比矩阵。从方程中可以看出系数矩阵不仅和 $\boldsymbol{x}^k$ 有关,并

且与 u^k 相关,在实际控制系统和计算过程中,u^k 会产生小幅振荡,每次在迭代过程中会不断放大这个抖振并对控制系统造成严重影响。

为了克服以上不足,需要额外选取控制量。这里选择控制量 u:

$$u = \begin{bmatrix} u_1 & u_2 \end{bmatrix}^T, \quad u_1 = \cos\sigma, \quad u_2 = \sin\sigma$$

因此,式(4.1.28)可以转化为

$$\dot{x} = f(x, u, e) = f_1(x, e) + B(x, e)u \tag{4.1.30}$$

其中,

$$B = \begin{bmatrix} 0_{3\times 1} & 0_{3\times 1} \\ \dfrac{L}{Dv^2} & 0 \\ 0 & \dfrac{L}{Dv^2\cos\gamma} \end{bmatrix}$$

u_1 和 u_2 并不是独立的,它们必须满足以下约束:

$$u_1^2 + u_2^2 = 1 \tag{4.1.31}$$

对式(4.1.30)进行泰勒展开可得

$$\dot{x} = F_x(x^k, u^k, e)x + B(x^k, e)u + b(x^k, u^k, e) \tag{4.1.32}$$

其中,

$$b(x^k, u^k, e) = f_1(x^k, e) - F_x(x^k, u^k, e)x^k$$

$$F_x(x, u, e) = \frac{\partial f(x, u, e)}{\partial x} = \frac{\partial f_1(x, e)}{\partial x} + \frac{\partial [B(x, e)u]}{\partial x}$$

在满足准平衡滑翔条件时,$\gamma \approx 0$,因此 $\cos\gamma \approx 1$,式(4.1.32)可以转化为

$$\dot{x} = F_x(x^k, e)x + B(x^k, e)u + b(x^k, e) \tag{4.1.33}$$

通过以上处理,动力学方程中便不含 u^k,可以有效克服 u^k 抖振而对再入轨迹优化问题产生不良影响。另外,倾侧角 σ 并不是随意变化的,对倾侧角 σ 要有上下限约束,即

$$\sigma_{\min} \leqslant |\sigma| \leqslant \sigma_{\max} \tag{4.1.34}$$

显然,对于倾侧角 σ 的约束是一个非凸约束,如果要应用 SOCP,则需要将其转化为凸约束。考虑到倾侧角的变化范围一般为 $0 \leqslant \sigma_{\min} \leqslant \sigma_{\max} \leqslant 180°$,因此式(4.1.34)可以转化以下凸约束:

$$\omega_l \leqslant u_1 \leqslant \omega_h \tag{4.1.35}$$

其中,$\omega_l = \cos\sigma_{\max}$,$\omega_h = \cos\sigma_{\min}$。

将地球自转相关的项从(4.1.30)中分离出来可以得到以下形式:

$$\dot{x} = f(x, u, e) = f_0(x, e) + B(x, e)u + f_\omega(x, e) \tag{4.1.36}$$

其中

$$f_0 = \begin{bmatrix} \dfrac{1}{\bar{D}\sin\gamma} \\[6pt] \dfrac{\cos\gamma\sin\psi}{r\bar{D}\cos\phi} \\[6pt] \dfrac{\cos\gamma\cos\psi}{r\bar{D}} \\[6pt] \left(\dfrac{1}{\bar{D}} - \dfrac{1}{rv^2\bar{D}}\right)\dfrac{\cos\gamma}{r} \\[6pt] \dfrac{\cos\gamma\sin\psi\tan\phi}{r\bar{D}} \end{bmatrix}$$

其中，$f_\omega \in \mathbb{R}^5$ 是一个列矢量，包括与地球自转相关的项。

3. 性能指标函数

首先，考虑性能指标函数为以下形式：

$$J = \int_{e_0}^{e_f} \Gamma(r,v,e)\,\mathrm{d}e \tag{4.1.37}$$

其中，$\Gamma(r,v,e)$ 关于 r 至少是一阶可导的。在再入轨迹优化问题中，一些常用的性能指标可以用这种形式来表示，在下面会给出几个例子。在 SOCP 中，性能指标函数在优化变量中必须是线性的。因为 v 不是状态变量，这个线性条件可以由

$$\Gamma(r,v,e) = c_1(v,e)r + c_0(v,e) \tag{4.1.38}$$

式中，$c_1(v,e)$ 和 $c_0(v,e)$ 都是关于 v 和 e 的函数。但是这种近似并不是唯一的，$\Gamma(r,v,e)$ 也可以用以下形式表示：

$$\Gamma(r,v,e) = c_2(v,e)r^2 + c_1(v,e)r + c_0(v,e) \tag{4.1.39}$$

其中，对于任意 $e \in [e_0, e_f]$ 都有 $c_2(v,e) > 0$。通过以上变换可以得出以下结论：

$$\min \int_{e_0}^{e_f} \left[c_2(v,e)r^2 + c_1(v,e)r + c_0(v,e)\right] \mathrm{d}e \tag{4.1.40}$$

等价于

$$\min \int_{e_0}^{e_f} \eta\,\mathrm{d}e$$
$$\text{s.t.} \left(r + \dfrac{c_1}{2c_2}\right)^2 \leq \dfrac{\eta}{c_2} + \dfrac{c_1^2}{4c_2^2} - \dfrac{c_0}{c_2} \tag{4.1.41}$$

经过上述处理，性能指标函数关于 η 是线性的，并且约束条件是二阶锥的形式，符合 SOCP 求解形式。

下面列举几个在再入轨迹优化问题中常用的性能指标函数，简要讨论如何进行上述的处理。

(1)最小时间:关于时间的性能指标函数可以写成以下形式:

$$J = \int_{\tau_0}^{\tau_f} 1 \mathrm{d}\tau \qquad (4.1.42)$$

上式进行积分变换可以得到以下形式:

$$J = \int_{e_0}^{e_f} \Gamma(r,v,e) \mathrm{d}e = \int_{e_0}^{e_f} [1/(\bar{D}v)] \mathrm{d}e \qquad (4.1.43)$$

阻力加速度定义为 $\bar{D} = C_D \rho v^2 R_0 S_r/(2m)$,$C_D$ 是关于 v 的函数。所以唯一与 r 相关的变量是 ρ。对于给定剖面 $r^{(k)}(e)$,$1/(Dv)$ 关于 $r^{(k)}(e)$ 的线性化为

$$\begin{aligned}\Gamma(r,v,e) &\approx -a_0 \frac{\rho_r^{(k)}}{(\rho^{(k)})^2} r + a_0 \left(\frac{1}{\rho^{(k)}} + \frac{\rho_r^{(k)}}{(\rho^{(k)})^2} r^{(k)} \right) \\ &\triangleq c_1(v,e) r + c_0(v,e)\end{aligned} \qquad (4.1.44)$$

式中,$a_0 = 2m/(C_D v^3 R_0 S_r)$,$\rho_r$ 是大气密度 ρ 对 r 的导数,上标(k)表示对应参数沿 $r^{(k)}(e)$ 取值。此外,如果 ρ 采用关于 r 的指数函数形式,则 $\Gamma(r,v,e)$ 是关于 r 的凸函数。将 $1/(Dv)$ 变为关于 $r^{(k)}(e)$ 的二阶泰勒展开,得到式(4.1.45)。

$$\Gamma(r,v,e) \approx c_2(v,e) r^2 + c_1(v,e) r + c_0(v,e) \qquad (4.1.45)$$

(2)最小热流率:性能指标函数如下所示:

$$J = \int_{\tau_0}^{\tau_f} k_0 \sqrt{\rho} v^{3.15} \mathrm{d}\tau \qquad (4.1.46)$$

其中常数 $k_0 = k_Q(\sqrt{g_0 R_0})^{3.15} > 0$。则关于 e 的积分

$$J = \int_{e_0}^{e_f} \Gamma(r,v,e) \mathrm{d}e = \int_{e_0}^{e_f} [k_0 \sqrt{\rho} v^{3.15}/(Dv)] \mathrm{d}e \qquad (4.1.47)$$

与(1)中处理方式一样,对于任意 $e \in [e_0, e_f]$,上式可以转化为式(4.1.38)的线性形式或式(4.1.39)的二次函数形式。

(3)最大航程:飞行器再入轨迹弧长 s 表示为 $\mathrm{d}s/\mathrm{d}e = (v\cos\gamma/r)/(Dv)$。考虑到高超声速滑翔飞行器的飞行高度一般在 100km 以内,远远小于地球半径,所以此处 $r \approx 1$。同时飞行器在飞行过程中,航迹角通常是近似于 0 的,为了简化性能指标函数,令 $\cos\gamma \approx 1$,所以性能指标函数如下所示:

$$J = \int_{e_0}^{e_f} \Gamma(r,v,e) \mathrm{d}e = -\int_{e_0}^{e_f} (1/D) \mathrm{d}e \qquad (4.1.48)$$

需要注意的是,如果采用最大航程的指标,则需要删除终端约束中对经度和纬度的约束,以使问题具有良好的解。在4.1.2.2节中由于需要对控制量约束进行松弛,为了保证松弛过后问题依然是等价的,需要对性能指标函数进行额外的处理:

$$J = \int_{e_0}^{e_f} \Gamma(r,v,e) \mathrm{d}e + \varepsilon_\psi \int_{e_0}^{e_f} \psi \mathrm{d}e \qquad (4.1.49)$$

式中：ε_ψ 为一个常数，并且 ε_ψ 的幅值要足够小，使式(4.1.19)的解等价于式(4.1.18)的解。在数学中，ε_ψ 项为正则项。应该指出的是，正则项的选择不是唯一的。所提出的选择是一个简单的选择。此外，研究发现，如果根据目标点和初始点的相对位置确定 ε_ψ 的符号有助于问题的收敛，即当初始横向距离为正（目标点在初始点右侧）时，令 $\varepsilon_\psi<0$，否则 $\varepsilon_\psi>0$。

4. 最优控制问题构建

通过以上的处理步骤，可以构建一个非线性的最优控制问题，其中动力学方程为式(4.1.30)，约束条件为式(4.1.23)、式(4.1.27)、式(4.1.31)、式(4.1.35)。式(4.1.23)中对终端航程进行约束，而在SOCP框架内，这些硬约束可能难以满足，可能导致问题的不可行。为了解决这一问题，式(4.1.23)中关于 $\theta(e_f)$ 和 $\phi(e_f)$ 的两个终端约束可以替换为性能指标的惩罚项：

$$d(\theta(e_f),\phi(e_f))=c_\theta|\theta(e_f)-\theta_f^*|+c_\phi|\phi(e_f)-\phi_f^*| \quad (4.1.50)$$

式中：$c_\theta>0$，$c_\phi>0$。通过引入惩罚项，有效避免了出现不可行的问题。如果无法准确抵达目标点，仍然可以找到一条尽可能靠近目标的轨迹。显然，式(4.1.50)的惩罚项是一个非线性的形式，通过引入两个松弛变量可以将其转化为线性函数的形式：

$$\min \bar{d}(\vartheta,\varphi)=c_\theta\vartheta+c_\phi\varphi \quad (4.1.51)$$

上式受线性不等式约束：

$$|\theta(e_f)-\theta_f^*|\leq\vartheta,\ |\phi(e_f)-\phi_f^*|\leq\varphi \quad (4.1.52)$$

将式(4.1.50)中的惩罚项引入到性能指标函数中，由此可以构建最优控制问题 P0：

$$P0:\min c_\theta\vartheta+c_\phi\varphi+\int_{e_0}^{e_f}\Gamma(r,v,e)de+\varepsilon_\psi\int_{e_0}^{e_f}\psi de$$

s.t. 式(4.1.23)，式(4.1.27)，式(4.1.31)，式(4.1.35)，式(4.1.52)

(4.1.53)

4.1.2.2 二阶锥规划问题构建与求解

1. 动力学模型线性化

为了简化表达形式，记动力学方程为

$$\dot{\boldsymbol{x}}=\boldsymbol{f}_0(\boldsymbol{x})+\boldsymbol{B}(\boldsymbol{x})\boldsymbol{u}+\boldsymbol{f}_\Omega(\boldsymbol{x}) \quad (4.1.54)$$

上式与式(4.1.36)的区别在于省略了 e，但是实际意义不变。假设在第 k 次求解过程中的解为 $\{\boldsymbol{x}^k(e);\boldsymbol{u}^k(e)\}$，其中 $\boldsymbol{x}^k(e)=[r^k\ \theta^k\ \phi^k\ \gamma^k\ \psi^k]^T$，$\boldsymbol{u}^k(e)=[u_1^k\ u_2^k]^T$。

$$\dot{\boldsymbol{x}}=\boldsymbol{A}(\boldsymbol{x}^k)\boldsymbol{x}+\boldsymbol{B}(\boldsymbol{x}^k)\boldsymbol{u}+\boldsymbol{b}(\boldsymbol{x}^k) \quad (4.1.55)$$

式中，

$$A(x^k) = \frac{\partial f_0}{\partial x}(x^k) = \begin{bmatrix} a_{11} & 0 & 0 & \dfrac{\cos\gamma^k}{D^{(k)}} & 0 \\ a_{21} & 0 & a_{23} & -\dfrac{\sin\gamma^k \sin\psi^k}{r^{(k)} D^k \cos\phi^k} & \dfrac{\cos\gamma^k \cos\psi^k}{r^{(k)} D^k \cos\phi^k} \\ a_{31} & 0 & 0 & -\dfrac{\sin\gamma^k \cos\psi^k}{r^k D^k} & -\dfrac{\cos\gamma^k \sin\psi^k}{r^k D^k} \\ a_{41} & 0 & 0 & \dfrac{\sin\gamma^k}{D^k r^k (1/r^k (V^k)^2 - 1)} & 0 \\ a_{51} & 0 & a_{53} & -\dfrac{\sin\gamma^k \sin\psi^k \tan\phi^k}{r^k D^k} & \dfrac{\cos\gamma^k \cos\psi^k \tan\phi^k}{r^k D^k} \end{bmatrix}$$

同时，

$$b(x^k) = f_0(x^k) - A(x^k)x^k + f_\Omega(x^k) \tag{4.1.56}$$

在矩阵 $A(x^k)$ 中，

$$a_{11} = -\frac{D_r^k \sin\gamma^k}{(D^k)^2}$$

$$a_{21} = -\left(\frac{D_r^k}{r^k(D^k)^2} + \frac{1}{(r^k)^2 D^k}\right)\frac{\cos\gamma^k \sin\psi^k}{\cos\phi^k}$$

$$a_{31} = -\left(\frac{D_r^k}{r^k(D^k)^2} + \frac{1}{(r^k)^2 D^k}\right)\cos\gamma^k \cos\psi^k$$

$$a_{41} = \frac{D_r^k \cos\gamma^k}{r^k(D^k)^2}\left(\frac{1}{r^k(v^k)^2} - 1\right) + \frac{\cos\gamma^k}{(r^k)^2 D^k}\left(\frac{2}{r^k(v^k)^2} - 1\right)$$

$$a_{51} = -\cos\gamma^k \sin\psi^k \tan\phi^k \left(\frac{D_r^k}{r^k(D^k)^2} + \frac{1}{(r^k)^2 D^k}\right)$$

$$a_{23} = \frac{\cos\gamma^k \sin\psi^k \sin\phi^k}{r^k D^k \cos^2\phi^k}$$

$$a_{53} = \frac{\cos\gamma^k \sin\psi^k}{r^k D^k \cos^2\phi^k}$$

为了保证线性化的有效性，需要对状态 x 进行信赖域约束，具体如下所示：

$$|x - x^k| \leq \delta \tag{4.1.57}$$

其中 $\delta \in \mathbb{R}^5$ 是一个五维的常数矢量。

2. 控制变量松弛

图 4.8 左图展示了控制量约束(4.1.31)和(4.1.35)的几何意义。从图中可以看出，这两个约束包含了部分圆的边界，显然这并不是一个凸集的形式，因此需要对其进行松弛，使其变为一个凸约束。本节对式(4.1.31)中的约束松弛为以下

形式,拓展其可行集:

$$u_1^2 + u_2^2 \leq 1 \tag{4.1.58}$$

通过以上处理就可以保证约束(4.1.31)的凸性,如图4.8(b)中的阴影区域所示。然而,如果最优控制量位于约束集的内部,则它不是原问题的解。因此,在进行松弛的过程中需要保证松弛问题的解与原问题等价。

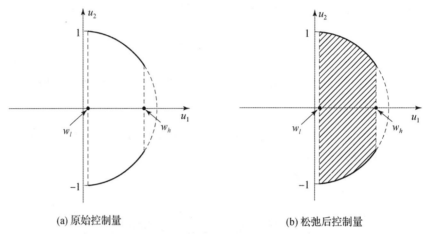

(a) 原始控制量　　　　　　　　(b) 松弛后控制量

图4.8　原始控制量与松弛后控制量示意图

3. 凸化问题的表述

在将式(4.1.54)中的非线性动力学替换为式(4.1.55)~式(4.1.57)之后,通过式(4.1.58)对式(4.1.31)中的约束进行松弛,将其转化为一个凸约束。下面定义最优控制问题P1,通过求解问题P1可以得到问题P0的最优解。

$$\text{P1}: \quad \min \quad c_\theta \vartheta + c_\phi \varphi + \int_{e_0}^{e_f} \Gamma(r,v,e) \mathrm{d}e + \varepsilon_\psi \int_{e_0}^{e_f} \psi \mathrm{d}e \tag{4.1.59}$$

$$\text{s.t.} \quad \dot{\boldsymbol{x}} = \boldsymbol{A}(\boldsymbol{x}^k)\boldsymbol{x} + \boldsymbol{B}(\boldsymbol{x}^k)\boldsymbol{u} + \boldsymbol{b}(\boldsymbol{x}^k), \quad \boldsymbol{x}(e_0) = \boldsymbol{x}_0 \tag{4.1.60}$$

$$|\boldsymbol{x}(e) - \boldsymbol{x}^k(e)| \leq \boldsymbol{\delta} \tag{4.1.61}$$

$$u_1^2(e) + u_2^2(e) \leq 1 \tag{4.1.62}$$

$$\omega_l \leq u_1(e) \leq \omega_h \tag{4.1.63}$$

$$r(e) \geq \bar{l}(e) \tag{4.1.64}$$

$$|\theta(e_f) - \theta_f^*| \leq \vartheta, \quad |\phi(e_f) - \phi_f^*| \leq \varphi \tag{4.1.65}$$

$$r(e_f) = r_f^*, \quad \gamma(e_f) = \gamma_f^*, \quad \psi(e_f) = \psi_f^* \tag{4.1.66}$$

$$|\boldsymbol{x}^{k+1}(e) - \boldsymbol{x}^k(e)| \leq \boldsymbol{\varepsilon}, \quad \forall e \in [e_0, e_f] \tag{4.1.67}$$

式中$\boldsymbol{\varepsilon} \in \mathbb{R}^5$是一个容许偏差,其元素都是常数。在相关文献和资料中,已经证明问题P1的解是问题P0的解。

4. 离散化和求解流程

问题 P1 虽然进行了凸化处理,但是其本身是一个连续的问题。对于数值求解方法来说,连续的问题通常需要转化为离散的形式才可以进行求解。本节主要讨论如何对问题 P1 进行离散化处理以及求解流程。

首先需要对状态方程(4.1.60)进行离散。对区间 $[e_0, e_f]$ 进行划分,将其均匀分为 $N+1$ 个节点,步长 $\Delta e = (e_f - e_0)/N$,离散点记为 $\{e_0, e_1, \cdots, e_N\}$,并且 $e_i = e_0 + i\Delta e$,其中 $i = 0, 1, \cdots, N$。状态 $\boldsymbol{x}$ 和控制 $\boldsymbol{u}$ 离散为 $\boldsymbol{x}_i = \boldsymbol{x}(e_i)$ 和 $\boldsymbol{u}_i = \boldsymbol{u}(e_i)$。式(4.1.60)中的状态方程可以表示为以下形式:

$$\boldsymbol{x}_i = \boldsymbol{x}_{i-1} + \frac{\Delta e}{2}[(\boldsymbol{A}_{i-1}^k \boldsymbol{x}_{i-1} + \boldsymbol{B}_{i-1}^k \boldsymbol{u}_{i-1} + \boldsymbol{b}_{i-1}^k) + (\boldsymbol{A}_i^k \boldsymbol{x}_i + \boldsymbol{B}_i^k \boldsymbol{u}_i + \boldsymbol{b}_i^k)] \quad (4.1.68)$$

式中:$\boldsymbol{A}_i^k = \boldsymbol{A}(\boldsymbol{x}^k(e_i))$;$\boldsymbol{B}_i^k = \boldsymbol{B}(\boldsymbol{x}^k(e_i))$;$\boldsymbol{b}_i^k = \boldsymbol{b}(\boldsymbol{x}^k(e_i))$;$i = 1, 2, \cdots, N$。对式(4.1.68)重新进行组合可以得到式(4.1.69)的形式:

$$\boldsymbol{H}_{i-1}\boldsymbol{x}_{i-1} - \boldsymbol{H}_i \boldsymbol{x}_i + \boldsymbol{G}_{i-1}\boldsymbol{u}_{i-1} + \boldsymbol{G}_i \boldsymbol{u}_i = -\frac{\Delta e}{2}(\boldsymbol{b}_{i-1}^k + \boldsymbol{b}_i^k) \quad (4.1.69)$$

其中

$$\boldsymbol{H}_{i-1} = \boldsymbol{I} + \frac{\Delta e}{2}\boldsymbol{A}_{i-1}^k, \boldsymbol{H}_i = \boldsymbol{I} - \frac{\Delta e}{2}\boldsymbol{A}_i^k, \boldsymbol{G}_{i-1} = \frac{\Delta e}{2}\boldsymbol{B}_{i-1}^k, \boldsymbol{G}_i = \frac{\Delta e}{2}\boldsymbol{B}_i^k$$

在上式中,$\boldsymbol{I}$ 是一个维数与 $\boldsymbol{A}$ 一致的单位矩阵。状态变量 $\{\boldsymbol{x}_0, \boldsymbol{x}_1, \cdots, \boldsymbol{x}_N\}$ 和控制变量 $\{\boldsymbol{u}_0, \boldsymbol{u}_1, \cdots, \boldsymbol{u}_N\}$,以及性能指标函数中的松弛变量 ϑ 和 φ 被视为优化变量。记变量 $\boldsymbol{z} = [\boldsymbol{x}_0^T \ \boldsymbol{x}_1^T \ \cdots \ \boldsymbol{x}_N^T \ \boldsymbol{u}_0^T \ \boldsymbol{u}_1^T \ \cdots \ \boldsymbol{u}_N^T \ \vartheta \varphi]^T$。上述关于 e_i 的离散点可以用以下关于 $\boldsymbol{z}$ 的线性代数系统表示:

$$\boldsymbol{M}\boldsymbol{z} = \boldsymbol{F} \quad (4.1.70)$$

其中

$$\boldsymbol{M} = \begin{bmatrix} \boldsymbol{I} & 0 & 0 & 0 & 0 & 0 & 0 & 0 & 0 & 0 & 0 & \boldsymbol{0}_{1\times 2} \\ \boldsymbol{H}_0 & \boldsymbol{H}_1 & 0 & \cdots & 0 & 0 & \boldsymbol{G}_0 & \boldsymbol{G}_1 & 0 & \cdots & 0 & \boldsymbol{0}_{1\times 2} \\ \vdots & \vdots & \vdots & \ddots & \vdots & \vdots & \vdots & \vdots & \vdots & \ddots & \vdots & \vdots \\ 0 & 0 & 0 & \cdots & \boldsymbol{H}_{N-1} & \boldsymbol{H}_N & 0 & 0 & 0 & \cdots & \boldsymbol{G}_{N-1} & \boldsymbol{G}_N & \boldsymbol{0}_{1\times 2} \end{bmatrix}$$

$$\boldsymbol{F} = -\frac{\Delta e}{2}\begin{bmatrix} -\dfrac{2}{\Delta e}\boldsymbol{x}_0 \\ \boldsymbol{b}_0^k + \boldsymbol{b}_1^k \\ \vdots \\ \boldsymbol{b}_{N-1}^k + \boldsymbol{b}_N^k \end{bmatrix}$$

因此,将问题 P1 离散后可以得到问题 P2:

$$\text{P2}: \quad \min \boldsymbol{c}^T \boldsymbol{z} \quad \text{s.t.} \ \boldsymbol{M}\boldsymbol{z} = \boldsymbol{F} \quad (4.1.71)$$

$$|\boldsymbol{x}_i - \boldsymbol{x}_i^k| \leq \boldsymbol{\delta} \tag{4.1.72}$$

$$\|\boldsymbol{u}_i\| \leq 1, \omega_l \leq (u_1)_i \leq \omega_h \tag{4.1.73}$$

$$r_i \geq \overline{l}_i \tag{4.1.74}$$

$$|\theta_N - \theta_f^*| \leq \vartheta, \quad |\phi_N - \phi_f^*| \leq \varphi \tag{4.1.75}$$

$$r_N = r_f^*, \quad \gamma_N = \gamma_f^*, \quad \psi_N = \psi_f^* \tag{4.1.76}$$

式中：$\boldsymbol{x}_i = [r_i \quad \theta_i \quad \phi_i \quad \gamma_i \quad \psi_i]^T$；$\boldsymbol{u}_i = [(u_1)_i \quad (u_2)_i]^T$；$\|\cdot\|$ 表示二范数，$i = 0, 1, \cdots, N$。

经过上述的处理，问题 P2 中的性能指标函数转化为线性形式，并且所有的约束都是二阶约束或者线性约束，这样便可以构建出一个 SOCP 问题。

需要注意的是，在离散节点往往会达到数百个，导致问题 P2 的维数变得很大。同时式 (4.1.71) 中的系数矩阵 $\boldsymbol{M}$ 是一个稀疏矩阵，使用传统的优化问题求解方法可能在效率与精度上难以满足要求，而原对偶内点法可以有效地解决这一问题。

具体的求解步骤如下：

步骤 1：令 $k = 0$，同时选择初始状态剖面 $\boldsymbol{x}^0$；

步骤 2：在第 $k+1$ 次迭代中，根据状态量生成矩阵 $\boldsymbol{M}$ 和 $\boldsymbol{F}$，并构建信任域约束和路径约束，完成问题 P2 的建立。然后，求解问题 P2 以获得当前迭代步的解 $\boldsymbol{z}^{k+1} = \{\boldsymbol{x}^{k+1}; \boldsymbol{u}^{k+1}; \vartheta^{k+1}; \varphi^{k+1}\}$；

步骤 3：检验是否满足收敛条件

$$\max_i |\boldsymbol{x}_i^{k+1} - \boldsymbol{x}_i^k| \leq \boldsymbol{\varepsilon} \tag{4.1.77}$$

其中 $\boldsymbol{\varepsilon} \in \mathbb{R}^5$ 是一个自行定义的足够小的常数矢量。如果满足上述条件，则执行步骤 4；否则，令 $k = k+1, \boldsymbol{z}_k = \boldsymbol{z}_{k+1}$，并执行步骤 2；

步骤 4：输出问题 P0 的解 $\boldsymbol{z}^{k+1}$。

注：以上方法对数值敏感度较低，并且不需要事先确定优化变量 $\boldsymbol{z}$ 的值，只需要提供状态变量 $\boldsymbol{x}^0$ 的初始值。

在这里需要指出，上述的离散化过程并不是唯一的，本节基于文献[4]介绍了等距离散的方法。但是目前也有很多文献使用伪谱法[6-8]进行离散，这样可以有效提高离散问题的求解精度以及可能会出现的龙格现象。如果读者对该部分内容有兴趣，可以自行查阅相关文献以学习其他离散化方法。

4.1.2.3 禁飞区约束凸化

禁飞区是飞行器在执行飞行任务中需要进行规避的一个区域。通常来说，禁飞区被视为一个无限高的圆柱体，包括其中心点坐标（经度和纬度）和禁飞区半径。禁飞区约束通常可以用以下方程表示：

$$(\theta - \theta_c)^2 - (\phi - \phi_c)^2 \geq d^2 \tag{4.1.78}$$

式中：θ_c 和 ϕ_c 分别为禁飞区中心点的经度和纬度；d 为禁飞区的半径。如果飞行器在实际飞行任务中确实需要规避禁飞区，则可以将该约束添加到问题 P0 中。需要注意的是，约束(4.1.78)并不是一个凸约束，因此需要对其进行线性化处理使其变为凸约束[2-3]：

$$2(\theta^k - \theta_c)\theta - 2(\phi^k - \phi_c)\phi \geq d^2 + \bar{d} \qquad (4.1.79)$$

其中 θ^k 和 ϕ^k 是第 k 次迭代过程中的解，并且

$$\bar{d} = -(\theta^k - \theta_c)^2 - (\phi^k - \phi_c)^2 + 2(\phi^k - \theta_c)\theta^k + 2(\phi^k - \phi_c)\phi^k$$

然后，利用相同的方法对式(4.1.79)进行离散化处理，并将其添加进问题 P2。此时，问题 P2 依然是一个 SOCP 问题。

当涉及多个禁飞区时，以上方法和结论依然适用。

4.1.3 凸优化方法发展展望

凸优化算法高效、全局最优、不依赖初值的理论和计算优势刚好满足轨迹优化对求解算法收敛性、实时性、鲁棒性的要求。凸优化算法被认为是实现轨迹优化问题在线求解的最有潜力的途径之一。然而，在航天航空领域中绝大多数的轨迹优化问题，尤其是高超声速滑翔飞行器轨迹优化问题，均涉及强非线性动力学系统以及包含非凸约束，无法表述为凸优化问题，所以很难采用凸优化算法实现高效、稳定的求解。基于上述问题，如何将高超声速滑翔飞行器轨迹优化问题转化为凸优化问题进行求解是问题的核心与关键，同时也是该领域研究的重难点之一。

目前，在轨迹优化问题上常用的是无损凸化和序列凸化技术。无损凸化注重凸化变换中的等价性，即原问题与凸化问题最优解保持一致。然而，无损凸化仅能处理一些特定的非凸约束，例如非凸控制约束。对于更特殊的非凸约束条件，例如非线性动力学约束、终端等式约束以及过程约束等，则无法通过无损凸化将其转化为等价的凸约束。序列凸化是一种更为通用的凸化方法，其主要思想是将非凸约束在参考轨迹处进行泰勒展开并辅以信赖域约束保证线性化的有效性，从而构建出原问题的凸近似子问题；然后反复求解凸近似子问题并不断更新参考轨迹，使得凸近似子问题不断逼近原问题并且收敛至原问题的解。但是，序列凸优化的收敛特性很大程度上依赖于参考轨迹的优劣，若参考轨迹较差时，则可能会出现原优化问题有解而凸近似子问题无解的"伪不可行"现象，其原因在于线性化处理导致某些约束之间互不相容。因此，如何有效解决序列凸优化的收敛性问题是一个值得研究的方向。

现今，解决轨迹优化问题的主流方法依然是以伪谱法和凸优化为代表的数值求解方法。然而，伪谱法和凸优化可能会面临维数爆炸、收敛域小、求解时间和精

度严重依赖于初始猜测值等难题。近年来,以深度学习、强化学习为代表的人工智能技术已经在飞行器制导控制领域中展现出了巨大的应用潜力,尤其适合应用于未知环境、强非线性模型以及参数不确定的场景中,能够有效拓展自主制导方法的适用范围。如果可以将凸优化等数值优化技术与人工智能技术创造性结合,那么可以有效增强飞行器制导控制系统的性能,实现飞行器智能控制。但是,受限于当前飞行器制导控制系统的算力,以及飞行数据生成代价较高等缺点,人工智能技术在飞行器制导控制上的应用还需要更深入地研究和探索。

4.2 基于群智能优化算法的再入轨迹优化

近年来,群智能优化算法因具备全局寻优能力和鲁棒性,以遗传算法、粒子群优化算法、麻雀搜索算法及鲸鱼优化算法等为代表的群智能优化算法相继在飞行器轨迹规划问题研究领域大放异彩。群智能优化算法鲁棒性和通用性强,具有全局、并行、高效的优化性能,为飞行器轨迹规划问题的求解提供了新的思路和手段。

4.2.1 常见群智能优化方法介绍

4.2.1.1 遗传算法

1. 遗传算法的提出

生物的进化是一个奇妙的优化过程,它通过选择淘汰、突然变异、基因遗传等规律产生适应环境变化的优良物种。遗传算法是根据生物进化思想而启发得出的一种全局优化算法。遗传算法的概念最早是由 J. D. Bagley 在 1967 年提出的,而开始遗传算法的理论和方法的系统性研究的是 1975 年,这一开创性工作是由密歇根大学的 J. H. Holland 开展的。当时,其主要目的是说明自然和人工系统的自适应过程。遗传算法在本质上是一种不依赖具体问题的直接搜索方法。遗传算法在模式识别、神经网络、图像处理、机器学习、工业优化控制、自适应控制、生物科学、社会科学等方面都得到应用。

遗传算法的基本思想是基于达尔文进化论的,其中最重要的是适者生存理论。达尔文进化论的原理概括总结如下:

(1) 变异:种群中单个样本的特征(性状、属性)可能会有所不同,这导致了样本彼此之间有一定程度的差异。

(2) 遗传:某些特征可以遗传给其后代,导致后代与双亲样本具有一定程度的相似性。

(3) 选择:种群通常在给定的环境中争夺资源,更适应环境的个体在生存方面更具优势,因此会产生更多的后代。

换句话说,进化维持了种群中个体样本彼此不同,那些适应环境的个体更有可能生存,繁殖并将其性状传给下一代。这样,随着世代的更迭,物种变得更加适应其生存环境。而进化的重要推动因素是交叉或杂交——结合双亲的特征并产生后代。交叉有助于维持人口的多样性,并随着时间的推移将更好的特征融合在一起。此外,变异或突变可以通过引入偶然性的变化,在进化中发挥重要作用。

2. 遗传算法的对应概念

遗传算法试图找到给定问题的最优解。达尔文进化论保留了种群的个体性状,而遗传算法则保留了针对给定问题的候选解集合。这些候选解经过迭代评估,用于创建下一代解。更优的解有更大的机会被选择,并将其特征传递给下一代候选解集合。这样,随着代际更新,候选解集合可以更好地解决当前的问题。

在遗传算法中,延续了在达尔文进化论中提到的一些基本定义,具体如下:

(1) 基因型(genotype):在自然界中,通过基因型表征繁殖和突变,基因型是组成染色体的一组基因的集合。在遗传算法中,每个个体都由代表基因集合的染色体构成。例如,一条染色体可以表示为二进制串,其中每个位代表一个基因。

(2) 种群(population):遗传算法保持大量的个体——针对当前问题的候选解集合。由于每个个体都由染色体表示,因此这些种族的个体可以看作是染色体集合。

(3) 适应度函数(fitness function):在算法的每次迭代中,使用适应度函数对个体进行评估,适应度得分高的个体代表更好的解,更有可能被选择繁殖,并且其性状会在下一代中得到表现。随着遗传算法的不断迭代,解的质量会不断提高,适应度也会不断增加,一旦找到适应度满足要求或者达到迭代停止条件的解后,则终止遗传算法。

(4) 选择(selection):在计算出种群中每个个体的适应度后,使用选择过程来确定种群中的哪个个体将用于繁殖并产生下一代,具有较高适应度的个体更有可能被选中,并将其性状传递给下一代。同时,低适应度的个体也有机会被选中,但是概率较低,这是为了让低适应度个体仍有机会传递其性状,保持种群多样性。

(5) 交叉(crossover):为了创建一对新个体,通常将从当前代中选择的双亲样本的部分染色体互换(交叉)来生成后代的两个新染色体,此操作称为交叉或重组。

(6) 变异(mutation):变异操作的目的是定期随机更新种群,将新模式引入染色体,并鼓励在解空间的未知区域中进行搜索。变异可能表现为基因的随机变化,通过随机改变一个或多个染色体值来实现。

3. 遗传算法流程

遗传算法流程如图4.9所示。

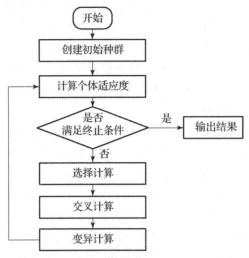

图 4.9　遗传算法流程图

(1) 创建初始种群：初始种群是随机选择的一组有效候选解。由于遗传算法使用染色体代表每个个体，因此初始种群实际上是一组染色体。

(2) 计算个体适应度：适应度函数是针对每个个体计算的。对于初始种群，此操作将执行一次，然后在应用选择、交叉和变异的遗传算子后，再对每个新一代进行适应度计算。由于每个个体的适应度独立于其他个体，因此可以并行计算。适应度计算之后的选择阶段通常认为适应度得分较高的个体是更好的解，因此遗传算法专注于寻找适应度得分的最大值。如果是需要最小值的问题，则适应度计算将原始值取反即可。

(3) 选择计算、交叉计算和变异计算：将选择、交叉和变异的遗传算子应用到种群中，并产生新一代，该新一代是基于当前代中较好的个体而产生的。

(4) 算法终止：在确定算法是否可以停止时，可能有多种条件可以用于检查。两种最常用的停止条件是：①达到最大世代数，同时该条件也可以限制算法运行时间和消耗的计算资源；②在过去的几代中，个体没有明显的改进。这可以通过存储每一代获得的最佳适应度值，然后将当前的最佳值与预定的几代之前获得的最佳值进行比较来实现。如果差异小于某个值，则算法可以停止。

4.2.1.2　粒子群优化算法

1. 粒子群优化算法的基本概念

粒子群优化(particle swarm optimization, PSO)算法[6-7]来源于鸟类群体活动的规律性，进而利用群体智能建立一个简化的模型。它模拟鸟类的觅食行为，将求解问题的搜索空间比作鸟类的飞行空间，将每只鸟抽象成一个没有质量和体积的粒子,用它来表征问题的一个可能解,将寻找问题最优解的过程看成鸟类寻找食物的过程,进而求解复杂的优化问题。粒子群优化算法与其他进化算法一样,也是基于"种群"和"进化"的概念,通过个体间的协作与竞争,实现复杂空间最优解的搜索。同时,它又不像其他进化算法那样对个体进行交叉、变异、选择等进化算子操作,而是将群体中的个体看作在 D 维搜索空间中没有质量和体积的粒子,每个粒子以一定的速度在解空间运动,并向自身历史最佳位置 p_{best} 和邻域历史最佳位置 g_{best} 聚集,实现对候选解的进化。粒子群优化算法具有很好的生物社会背景并易于理解,由于参数少而容易实现,对非线性、多峰问题均具有较强的全局搜索能力,在科学研究与工程实践中得到了广泛关注。

2. 基本粒子群优化算法

PSO 算法初始化为一群随机粒子(随机解)。然后通过迭代找到最优解,在每一次的迭代中,粒子通过跟踪两个"极值"(p_{best}、g_{best})来更新自己。在找到这两个最优值后,粒子通过下面的公式来更新自己的速度和位置。

$$v_i = v_i + c_1 \times \text{rand}() \times (p_{best,i} - x_i) + c_2 \times \text{rand}() \times (g_{best,i} - x_i) \quad (4.2.1)$$

$$x_i = x_i + v_i \quad (4.2.2)$$

式中: $i = 1, 2, \cdots, N$,其中 N 为种群中粒子的总数; v_i 为粒子的速度; rand() 为介于 $(0,1)$ 之间的随机数; x_i 为粒子的当前位置; c_1 和 c_2 为学习因子,通常 $c_1 = c_2 = 2$。

式(4.2.1)和式(4.2.2)称为 PSO 算法的标准形式。式(4.2.1)的第一部分称为"记忆项",表示上次速度大小和方向的影响;第二部分称为"自身认知项",是从当前点指向粒子自身最好点的一个矢量,表示粒子的动作来源于自己经验的部分;第三部分称为"群体认知项",是一个从当前点指向种群最好点的矢量,反映了粒子间的协同合作和知识共享。粒子就是通过自己的经验和同伴中最好的经验来决定下一步的运动。以式(4.2.1)和式(4.2.2)为基础,形成了 PSO 算法的标准形式。

在式(4.2.1)和式(4.2.2)的基础上,做一些变化以增强 PSO 算法的寻优能力,如下式所示:

$$v_i = \omega \times v_i + c_1 \times \text{rand}() \times (p_{best,i} - x_i) + c_2 \times \text{rand}() \times (g_{best,i} - x_i) \quad (4.2.3)$$

式中: ω 称为惯性因子,是一个非负的数,其值越大,全局寻优能力越强,局部寻优能力越弱;其值越小,全局寻优能力越弱,局部寻优能力越强。

当采用动态 ω 能获得比固定值更好的寻优结果。动态 ω 可在 PSO 搜索过程中线性变化,也可根据 PSO 性能的某个测度函数动态改变。目前采用较多的是线性递减权值(linearly decreasing weight, LDW)策略:

$$\omega^{(t)} = (\omega_{ini} - \omega_{end})(G_k - g)/G_k + \omega_{end} \quad (4.2.4)$$

式中：G_k 为最大迭代次数；ω_{ini} 为初始惯性权值；ω_{end} 为迭代至最大进化代数时的惯性权值。$\omega^{(t)}$ 的引入，使 PSO 算法性能有了很大的提高，针对不同问题，可以调整全局和局部搜索能力，使 PSO 算法可以成功应用于很多实际问题中。PSO 算法的流程如图 4.10 所示。

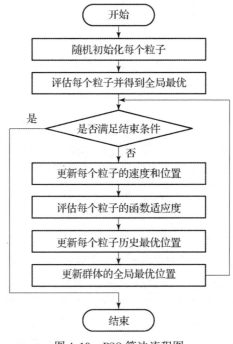

图 4.10　PSO 算法流程图

3. 粒子群优化算法的优缺点

PSO 算法具有以下一些优点：

(1) 收敛速度较快；

(2) 需要调整的参数少，原理简单，容易实现，这是 PSO 算法的最大优点；

(3) 协同搜索，同时利用个体局部信息和群体全局信息进行指导搜索。

同时，它也具有一些缺点：

(1) 算法局部搜索能力较差，搜索精度不高；

(2) 算法不能保证搜索到全局最优解，主要有以下两个方面：①有时粒子群在俯冲过程中会错失全局最优解；②应用 PSO 算法处理高位复杂问题时，算法可能过早收敛；

(3) PSO 算法是一种概率算法。

目前，针对 PSO 算法的不足，不论是从理论方面还是从应用方面，都已经进行了广泛的研究和改进。例如,通过对 PSO 算法中的惯性权重、加速系数等参数做不同的改进,得到带有线性递减惯性 PSO 算法;结合混沌映射得到简单有效、全局搜索能力强的混合 PSO 算法;有些优化算法适用于筛选,有些算法的群体则更易于扩散,结合不同优化算法可以增强新算法的筛选能力和扩散能力,比如结合遗传算法和 PSO 算法以获得两者的优点。

4.2.1.3 麻雀搜索算法

1. 麻雀搜索算法[8]的基本概念

麻雀通常是群居的鸟类,种类繁多。它们分布于世界大部分地区,并喜欢生活在有人类居住的地方。此外,麻雀是杂食性鸟类,主要以谷物或杂草的种子为食。与其他许多小鸟相比,麻雀非常聪明,记忆力强。值得注意的是,麻雀群中一般分为两种群体,即发现者和跟随者。发现者会积极寻找食物来源,而跟随者则依赖发现者获取食物。此外,有证据表明,这些鸟类通常会灵活地运用行为策略,并在捕食和跟随之间切换,或者同时采用捕食和跟随的策略。

鸟群中的发现者为了提高自己的捕食率,会争夺那些摄入量高的同伴的食物资源。此外,当麻雀选择不同的行为策略时,个体的能量储备可能起到重要作用,能量储备较低的麻雀更倾向于跟随。值得一提的是,位于种群边缘的鸟类更容易受到天敌的攻击,并会不断尝试获得更好的位置。此外,我们还知道,整个麻雀群都对周围的表现出高度的警惕,当一只麻雀发现天敌时会发出啁啾声,然后整个鸟群就会飞离。

2. 麻雀捕食的工作流程

为了方便起见,我们将麻雀的行为理想化,并制定了相应的规则:

(1) 发现者通常具有较高的能量储备,并为所有跟随者提供捕食区域或方向。它们负责识别可以找到丰富食物来源的区域。能量储备的水平取决于个体适应度值的评估。

(2) 一旦麻雀发现天敌,个体会开始发出啁啾声作为警报信号。当警报值大于安全阈值时,发现者需要带领所有寄生者前往安全区域。

(3) 只要麻雀寻找更好的食物来源,每只麻雀都可以成为发现者,但在整个种群中,发现者和跟随者的比例保持不变。

(4) 能量较高的麻雀会充当发现者。一些饥饿的跟随者更有可能飞往其他地方寻找食物以获得更多能量。

(5) 跟随者会跟随能提供最佳食物的发现者寻找食物。同时,一些跟随者可能会不断监视发现者并争夺食物,以提高自己的捕食率。

(6) 当意识到危险时,群体边缘的麻雀会迅速移向安全区域以获得更好的位置,而群体中间的麻雀则会随机行走以接近其他成员。

3.麻雀搜索算法的公式表述

SSA算法通过模拟麻雀觅食的过程,将种群分为发现者和跟随者,发现者距离食物较近,占种群数量的20%,其余为跟随者。并随机选取20%的个体作为预警麻雀,一旦超过安全偏置,则放弃当前食物区域,转移到其他安全区域进行觅食。发现者、跟随者和侦察者分别按照各自的规则进行更新。

发现者更新规则如下:

$$M_k^{t+1} = \begin{cases} M_k^t \cdot \exp\left(\dfrac{-k}{a \cdot T}\right), & b < s_t \\ M_k^t + d \cdot \boldsymbol{W}, & b \geqslant s_t \end{cases} \quad (4.2.5)$$

式中:M_k^t 为第 k 个麻雀个体第 t 次迭代时的位置;T 为最大迭代次数;a、b 为随机数且 $a \in (0,1]$,$b \in [0,1]$;d 为服从正态分布的随机数;$\boldsymbol{W}$ 为元素为1的矢量;s_t 为安全偏置,一般取常值。

跟随者的更新规则如下:

$$M_k^{t+1} = \begin{cases} d \cdot \exp\left(\dfrac{M_{\text{worst}}^t - M_k^t}{k^2}\right), & k > N/2 \\ M_{\text{best}}^t + |M_k^t - M_{\text{best}}^t| \cdot \boldsymbol{A}^+ \cdot \boldsymbol{W}, & k \leqslant N/2 \end{cases} \quad (4.2.6)$$

式中:M_{best}^t 和 M_{worst}^t 分别为第 t 次迭代时的最优位置和最差位置;N 为种群大小;$\boldsymbol{A}$ 为一个各元素随机设为1或者 -1 的矩阵,且 $\boldsymbol{A}^+ = \boldsymbol{A}^{\mathrm{T}}(\boldsymbol{A}\boldsymbol{A}^{\mathrm{T}})^{-1}$。

侦察者的更新规则如下:

$$M_k^{t+1} = \begin{cases} M_{\text{best}}^t + \beta \cdot (M_k^t - M_{\text{best}}^t), & f_k \neq f_{\text{best}} \\ M_{\text{best}}^t + c \cdot \left(\dfrac{|M_k^t - M_{\text{worst}}^t|}{(f_k - f_{\text{worst}}) + \varepsilon}\right), & f_k = f_{\text{best}} \end{cases} \quad (4.2.7)$$

式中:f_k 为当前麻雀个体的适应度值;f_{best}、f_{worst} 分别为当前迭代次数下的全局最优适应度和最差适应度的值;β 为服从 $(0,1)$ 的正态分布;$c \in [-1,1]$ 为一个随机数;ε 为一个提前设定的小量常值。

4.麻雀搜索算法流程

步骤1:初始化种群,迭代次数,初始化发现者和跟随者;
步骤2:计算适应度值,并排序;
步骤3:利用式(4.2.5)更新发现者位置;
步骤4:利用式(4.2.6)更新跟随者位置;
步骤5:利用式(4.2.7)更新侦察者位置;
步骤6:计算适应度值并更新麻雀位置;
步骤7:是否满足停止条件,满足则退出程序,输出结果,否则,重复执行步骤2~6。

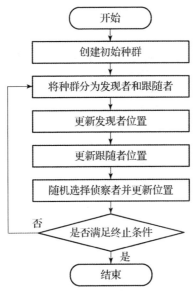

图4.11 麻雀搜索算法流程图

4.2.1.4 鲸鱼优化算法

鲸鱼优化算法(whale optimization algorithm,WOA)是由Mirjalili和Lewis于2016年提出的一种新型群体智能优化搜索方法,它源于对自然界中座头鲸群体狩猎行为的模拟,该算法整个过程包含收缩包围、螺旋更新位置和搜索猎物3个阶段。鲸鱼优化算法的3个种群更新机制相互独立,因此其寻优阶段的全局探索和局部开发过程得以分别运行及控制。此外,鲸鱼优化算法不需要人为地设置各种控制参数值,提高了算法的使用效率并降低了应用难度。与其他群体智能优化算法相比,WOA结构新颖,控制参数少,在许多数值优化和工程问题的求解中表现出较好的寻优性能,优于蚁群优化算法和粒子群优化算法等智能优化算法。

1. WOA基本原理

WOA是基于鲸鱼的运动方式而提出的,WOA将每一个粒子(agent)视为鲸鱼个体,鲸鱼的狩猎策略对应着粒子的移动规律,分别为:收缩包围、螺旋更新位置、搜索猎物,如图4.12所示。

1) 收缩包围

发现目前最优解,所有粒子向当前最优解对应的粒子$agent_{best}$靠近。

$$D = |C \cdot X^*(t) - X(t)| \tag{4.2.8}$$

$$X(t+1) = X^*(t) - A \cdot D \tag{4.2.9}$$

式中:$X^*(t)$为当前最优解;t为当前迭代次数;$X(t)$为当前粒子位置;D为位移长度;A与C通过下式计算:

图 4.12 鲸鱼狩猎示意图

$$\begin{cases} A = 2ar - a \\ C = 2r \end{cases} \tag{4.2.10}$$

r 为 $[0,1]$ 中的随机值,a 为加速因子。

$$a = 2 - \frac{2t}{t_{\text{MaxIter}}} \tag{4.2.11}$$

式中:t_{MaxIter} 为预设迭代次数。当 t 逐渐增大时,加速因子 a 的值会逐渐趋近于 0,各粒子更趋向于在当前最优解对应的粒子 $\text{agent}_{\text{best}}$ 附近进行搜索,收缩包围机制如图 4.13 所示。

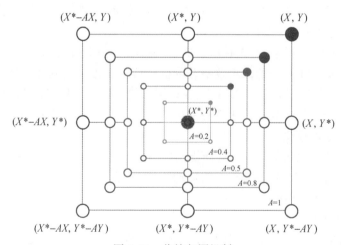

图 4.13 收缩包围机制

2) 螺旋更新位置

基于式(4.2.10),当 $|A| \leqslant 1$ 时,视为座头鲸发现猎物。根据图 4.14 所示,WOA 首先计算位于 (X, Y) 的粒子与位于 (X^*, Y^*) 的猎物之间的距离。然后,在

粒子和猎物之间建立螺旋方程来模拟座头鲸螺旋捕猎行为,可以使用以下方程表示：

$$X(t+1) = \begin{cases} X^*(t) - A \cdot D, & p < 0.5 \\ D \cdot e^{bl}\cos(2\pi l) + X^*(t), & p \geq 0.5 \end{cases} \quad (4.2.12)$$

式中：p 为$[0,1]$内的随机数；b 为设定常值；l 为$[-1,1]$内的随机数。

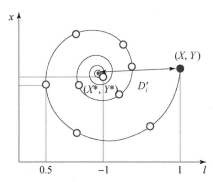

图 4.14　螺旋更新位置示意图

3) 搜索猎物

搜索猎物的过程可以视为探索开发的过程,如图 4.15 所示。当 $|A|>1$ 时,座头鲸随机搜索猎物,粒子进行全局搜索。用数学模型表示如下：

$$X(t+1) = X_{\text{rand}} - A \cdot |C \cdot X_{\text{rand}} - X(t)| \quad (4.2.13)$$

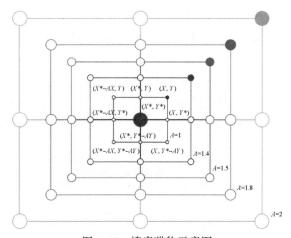

图 4.15　搜索猎物示意图

算法运行流程如图 4.16 所示。

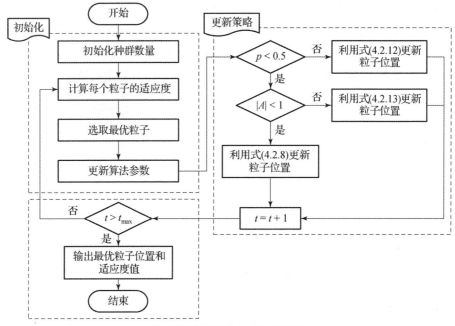

图 4.16　鲸鱼优化算法流程图

4.2.2　再入轨迹优化中群智能优化算法的典型应用

本节对 SSA、WOA 和 PSO 算法进行仿真实验,观察群智能优化算法在轨迹优化方面的表现。实验基于 CAV – H 模型,其模型质量为 907.2kg,参考横截面积为 0.484m²,控制量被严格限制为 $\alpha \in [10°, 25°]$,$\sigma \in [-80°, 80°]$,路径约束允许值分别为:热流率最大值 $\dot{Q}_{max} = 800 \mathrm{kw/m^2}$,动压最大值 $q_{max} = 50 \mathrm{kPa}$,过载最大值 $n_{max} = 2.5 \mathrm{g}$。仿真实验的终端约束设置为终端高度 30km,允许误差 1.5km;终端速度设为 2000m/s;终端航迹角设为 –5°,允许误差为 1°,初始约束设置如表 4.1 所列。

表 4.1　初始和终端约束设置

状态量	h	θ	φ	v	γ	ψ
初始值	80km	0°	0°	7800m/s	–1°	90°

仿真实验中用到的 3 种优化算法参数设置如下:种群群体个数设为 $N = 50$;迭代次数的最大值设为 $\mathrm{Iter}_{max} = 30$;对于 SSA,发现者和侦察者分别占 20% 和 30%,且

$s_r = 0.8$;PSO 算法权重参数设为 $c_1 = c_2 = 2, \omega = 0.6, v_{\max} = 5$;WOA 的相关系数设置如下:权重 a 值从 2 线性递减至 0,a_1 值从 -1 线性递减至 -2,r_1 和 r_2 在 $[0,1]$ 中随机取值。仿真结果如图 4.17 所示。

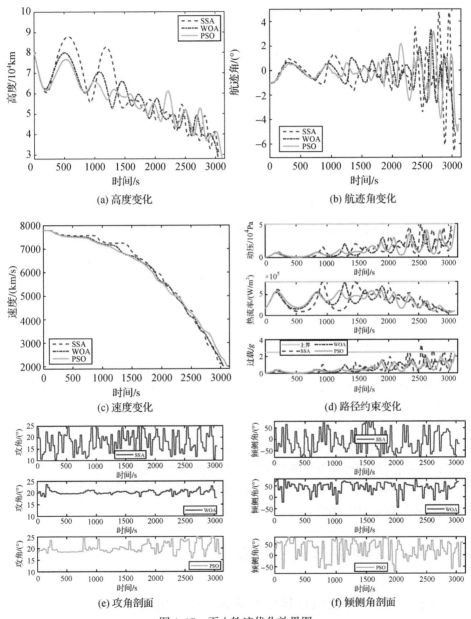

图 4.17 再入轨迹优化效果图

从表4.2可以看出,3种优化算法在终端误差上基本可以满足要求,实现飞行任务。从图4.17(a)、(b)、(c)中可以看出,SSA得到的高度、速度和航迹角剖面的幅值抖动较明显,PSO和WOA得到的高度、速度和航迹角剖面的幅值抖动较小,轨迹更为平滑。图4.17(e)和图4.17(f)分别给出了3种方法得到的攻角(AOA)剖面和倾侧角剖面,可以发现,3种方法给出的AOA值和倾侧角都维持在一个较为稳定的水平。

表4.2 算法终端误差比较

算法终端误差	PSO算法	WOA	SSA
高度偏差/m	1364.9932	1453.6620	230.7332
速度偏差/(m/s)	0.0884	0.0551	1.9526
航迹角偏差/(°)	0.5992	0.0496	0.1583

4.2.3 群智能优化算法发展展望

群智能优化算法是基于计算智能的机制求解复杂优化问题最优解或满意解的方法,具有鲁棒性、自组织性、灵活性等优点。其与传统的优化方法(牛顿法、单纯形法、枚举法等)相比,在解决问题的时间、科学布局、资源合理配置等方面都有了较高的提升,被广泛应用在信号处理、图像处理、生产调度以及机械设计等领域。然而群智能优化算法在其他方面还可以进一步展开研究:

(1)参数选择方面。群智能优化算法涉及的参数选择主要取决于研究者的先验知识和实验,缺乏理论依据。因此,这些算法的工作机制、数学基础和动力学特性等有待于进一步研究。

(2)算法应用方面。群智能优化算法中各种算法的融合将是未来发展的一个重要趋势。各种算法各有特长与局限,对不同的算法可以进行分析比较与融合,使它们优势互补,就有可能得到拥有更加强大计算能力的算法。

(3)算法改进方面。群智能优化算法需要克服算法收敛速度快、参数多等缺陷,进一步发挥自身的优势。

4.3 其他新兴优化方法

4.3.1 基于神经网络算法的再入轨迹优化

神经网络[11-12]是人工智能的一个重要分支,能够处理复杂的非线性、时变和不确定性的问题。由于神经网络易实现、计算速度快,引入神经网络辅助计算导引参数引起了研究者的广泛兴趣。神经网络可以利用大量现有轨迹数据进行离线训练,不需要对动态模型进行任何简化。一旦训练成功,神经网络参数可以加载到飞行器的飞控计算机上,用于在线生成制导指令。虽然关于神经网络的一些探索性研究已经进行过,但实用的、稳健的神经网络制导方法仍需要更多关注。

神经网络在轨迹优化中应用模式主要分为三步:首先生成轨迹的数据样本,用于神经网络的训练;其次构建神经网络,并利用预先生成的轨迹数据训练网络参数;最后将训练好的神经网络装载到飞行器上,并进行在线轨迹生成。整体流程如图4.18所示。

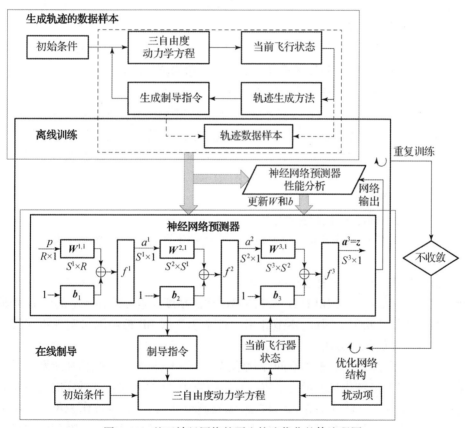

图4.18 基于神经网络的再入轨迹优化整体流程图

4.3.1.1 轨迹样本生成

本小节将介绍利用预测-校正制导算法作为轨迹生成方法以生成数据的具体

步骤。预测-校正制导算法通过每次执行具有不同扰动项的再入飞行器全包络轨迹仿真获得轨迹数据,样本轨迹数据的详细生成步骤如下:

步骤1:设置初始参数,包括再入飞行器的初始状态$(r_0,v_0,\theta_0,\gamma_0,\psi_0,s_0)$和终端状态$(r_f^*,v_f^*,\theta_f^*,\phi_f^*,\delta\psi_f,s_f^*)$,以及标称攻角剖面$\alpha^*(t)$。

步骤2:在再入飞行器的三自由度动力学中引入一个扰动项$F_i(i=1,2,\cdots,N)$,其中N是样本数量。在本节中,制导模拟中仅考虑初始状态和气动系数的扰动。每扰动项的增加方式为

$$F = \bar{F} + p\delta \quad (4.3.1)$$

式中:$\bar{F}=(h_0,v_0,\gamma_0,\psi_0,C_L,C_D)^T$为在标称飞行条件下的初始状态和气动系数;$p=(\Delta h_0,\Delta v_0,\Delta\gamma_0,\Delta\psi_0,\Delta C_L,\Delta C_D)^T$为扰动项的幅度;$\delta$为一个服从标准正态分布的随机变量;$F$为受扰动的初始状态和气动系数。

步骤3:在第k个制导周期中,基于当前状态$x(t_0)$和倾侧角幅值剖面初始值$\sigma(e_0)$,通过预测-校正制导算法确定最优倾侧角幅值剖面$\sigma^*(t)$。

步骤4:以飞行器当前状态$x(t_k)=(r(t_k),v(t_k),\gamma(t_k),\psi(t_k),s(t_k))^T$和最优倾侧角幅值剖面$\sigma_0^*(t_k)$作为样本数据的输入和输出,然后更新$k=k+1$并返回步骤3执行下一个制导循环,直到完成具有扰动项F_i的再入制导仿真。

步骤5:生成一个新的扰动F_{i+1}并令$F_i=F_{i+1}$,然后返回步骤2,执行上述样本数据的生成过程,直到$i=N$。最后,通过上述步骤获得大量样本轨迹数据,用于神经网络离线训练。

4.3.1.2 神经网络离线训练过程

基于4.3.1.1节中获取的样本数据,利用多级前馈神经网络建立再入飞行器实时飞行状态$x(t_k)=(r,v,\gamma,\psi,s)^T$与制导指令$\sigma_0^*(t_k)$之间的映射关系。

BP神经网络是解决复杂非线性问题强有力的工具,它具有结构简单、易于实现等优点。一般的三层BP神经网络能够以任意精度逼近n维输入空间到m维输出空间的非线性映射。因此,本节介绍一种基于三层BP神经网络实现再入飞行器的在线轨迹优化的方法。

在确定了输入空间、输出空间、网络层数、每层的神经元数量、传递函数以及传递算法,神经网络结构也就随之确定。在本研究中,将再入飞行器的实时飞行状态$x(t_k)=(r,v,\gamma,\psi,s)^T$作为输入参数,最优倾侧角剖面$\sigma_0^*(t_k)$被作为单一输出参数,隐藏层中的神经元数量与需要被近似的非线性映射紧密相连。隐藏层中最小神经元数量n_h可以通过$\sum_{k=0}^{n_l}C_{n_h}^k>l$计算,其中$l$为样本数量,$n_l$为输入层的神经元数量。为了减少网络传播误差,采用tansig函数作为输入层或隐藏层的传递函数。

由于传递函数的输出范围制约了神经网络的输出范围,因此采用 purelin 函数作为输出层的传递函数。与传统 BP 学习算法相比,Levenburg - Marquardt(L - M)算法在收敛速度和全局优化方面具有更好的性能,因此采用 L - M 算法进行神经网络的离线训练。此外,为了防止过拟合并提高网络逼近的准确性,采用均方误差(MSE)来评估网络性能,其表达式如下:

$$\text{MSE} = \frac{1}{ml} \sum_{i=1}^{l} \sum_{j=1}^{m} (\hat{z}_{ij} - z_{ij})^2 \qquad (4.3.2)$$

式中:m 为输出层神经元数量;l 为训练样本数;$\hat{z} = \hat{\sigma}_0(t)$ 为网络的期望输出;$z = \sigma_0(t)$ 为网络的实际输出。基于以上设计的网络参数,形成三层 BP 神经网络结构,如图 4.18 所示,网络输出 z 可以推导出如下:

$$z = \boldsymbol{a}^3 = f^3(\boldsymbol{W}^{3,2} f^2(\boldsymbol{W}^{2,1} f^1(\boldsymbol{W}^{1,1} \boldsymbol{p} + \boldsymbol{b}^1) + \boldsymbol{b}^2) + \boldsymbol{b}^3) \qquad (4.3.3)$$

式中:f 为传递函数;$\boldsymbol{W}^{1,1}$ 为输入层的 $S^1 \times R$ 维权重矩阵;$\boldsymbol{W}^{2,1}$ 为从输入层到隐藏层的 $S^2 \times S^1$ 维权重矩阵;$\boldsymbol{W}^{3,2}$ 为从隐藏层到输出层的 $S^3 \times S^2$ 维权重矩阵;$\boldsymbol{b}_1$、$\boldsymbol{b}_2$ 和 $\boldsymbol{b}_3$ 分别为输入层、隐藏层和输出层的偏置。

在构建好 BP 神经网络的结构后,就可以对神经网络进行离线训练,以 4.3.1.1 节中生成的轨迹数据作为训练集。神经网络的离线训练流程如图 4.19 所示,详细的网络训练过程如下:

步骤 1:初始化网络结构,包括神经网络的权重矩阵 $\boldsymbol{W}_0$ 和偏置 $\boldsymbol{b}_0$;

步骤 2:在第 k 次网络迭代中,根据第 k 次迭代得到的权重矩阵 $\boldsymbol{W}_k$ 和偏置 $\boldsymbol{b}_k$,计算出对应于网络输入 $\boldsymbol{p}_i(i=1,2,\cdots,l)$ 的实际网络输出 z_{ki},其中 l 为样本总数。计算当前网络的误差,与期望的网络输出 $\hat{z}_{ki}$ 进行比较。然后更新 $i = i+1$,并重复执行上述样本训练过程,直到所有样本训练完成,即 $i = i_{\max} = l$;

步骤 3:计算并评估第 k 个训练好的神经网络的整体性能 $J_k = 1/l \sum_{i=1}^{l} E_{ki}$。如果满足网络训练的停止条件,即 $J_k < J_{\max}$,其中 $J_{\max}$ 是规定的最大可接受误差,则完成并返回神经网络的最优权重矩阵 $\boldsymbol{W}^* = \boldsymbol{W}_k$ 和偏置 $\boldsymbol{b}^* = \boldsymbol{b}_k$;否则,请转到步骤 4;

步骤 4:如果 $k < k_{\max}$,其中 $k_{\max}$ 是规定的最大迭代次数,则基于 Levenberg - Marquardt 算法生成新的权重矩阵 $\boldsymbol{W}_{k+1}$ 和偏置 $\boldsymbol{b}_{k+1}$,然后更新 $k = k+1$ 并返回步骤 2 以执行上述网络训练过程;否则,完成并重新返回最优权重矩阵 $\boldsymbol{W}^* = \boldsymbol{W}_m$ 和偏置 $\boldsymbol{b}^* = \boldsymbol{b}_m$,其中 $m = \arg\min J_k$。

神经网络训练完成后,最优权值矩阵 $\boldsymbol{W}$ 和偏置 $\boldsymbol{b}$ 将被存储并加载到机载计算机中,用于再入飞行器的在线制导。

4.3.1.3 神经网络在线应用过程

如图4.19所示,在每个制导周期中,给定再入飞行器在干扰情况下的当前飞行状态$x(t)$,训练良好的神经网络可以通过执行简单的数学运算快速生成相应的制导指令$\sigma^*(t)$,使再入飞行器以可接受的精度完成飞行任务,顺利到达指定的目标点,同时满足状态、路径和控制约束。因此,通过用离线训练的神经网络代替预测-校正制导算法中每个制导周期的轨迹积分,可以有效提升轨迹优化计算效率,实现再入飞行器的在线轨迹优化与精确制导。

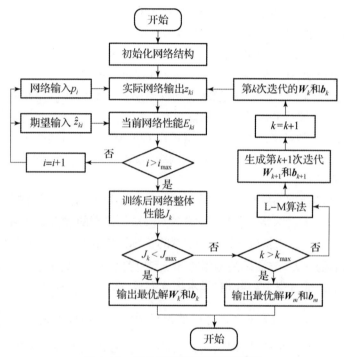

图4.19 神经网络离线训练流程图

4.3.2 基于强化学习算法的轨迹优化研究

强化学习[13-14](reinforcement learning,RL),又称再励学习、评价学习或增强学习,是机器学习的范式和方法论之一,用于描述和解决智能体(agent)在与环境的交互过程中通过学习策略以达成回报最大化或实现特定目标的问题。近年来,由于强化学习具有较好的实时性、优秀的泛化表现和设计流程的通用性等优点,使得它在机器人、飞行器等领域的轨迹规划问题上均取得了优异的表现。

4.3.2.1 强化学习理论基础

1. 强化学习基本概念

强化学习是机器学习领域的一类学习问题,它与常见的监督学习、无监督学习等的最大不同之处在于,它是通过与环境之间的交互和反馈而行动,通过不断与环境的交互、试错,最终完成特定目的或者使得行动收益最大化。强化学习不需要训练数据的标签,但是它需要每一步行动时环境给予的反馈,基于此不断调整训练对象的行为。

如图 4.20 所示,智能体和环境是强化学习的基本元素。智能体是强化训练的主体,环境是智能体与之交互的对象。智能体与环境的交互是通过预先定义好的动作集合(action set)$A = \{A_1, A_2, A_3, \cdots\}$或动作空间来实现的,动作集合描述了所有可能的动作。

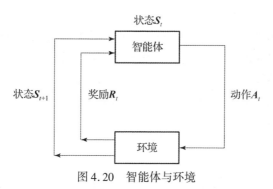

图 4.20 智能体与环境

为了从环境中给智能体提供反馈,定义奖励函数(reward function)R_t,它会根据环境状态而在每一个时间步上产生一个立即奖励,并将其发送给智能体。当前智能体的状态记为 S_t,智能体通过采取不同的动作实现与环境的交互。同时,环境基于奖励函数的设置给予智能体相应的反馈,需要注意的是,奖励函数虽然有"奖励"二字,但是"奖励"并不一定总是正面的,当智能体采取的动作被认定为是错误时,也会给予智能体负面的"奖励"。因此,如何采取正确的动作以取得正面的奖励便是强化学习的核心,而这一类的行为方式构成了智能体的策略(policy),其具体定义如下:

定义(策略):智能体在与环境交互过程中选择动作的方法称为策略 π:S 为状态空间,A 为动作空间,$\pi(s,a)$ 表示在状态 s 下选择动作 a 的概率。策略的一个退化形式为 $\pi:S \to A$,称为确定性策略,表示在状态 s 下动作 $\pi(s)$ 的执行概率为 1,其他动作的概率执行均为 0。

关于任意状态所能选择的策略组成的集合 F,称为允许策略集合,$\pi \in F$。在允许策略集合中存在的使问题具有最优效果的策略 π^* 称为最优策略。

奖励函数反映的是当前动作的优劣,是一种短期的表示信号,但是在多数情况下,短期最好并不代表长期也是最好的。这就如同优化算法,局部最优解并不一定是全局最优解,而我们往往希望得到的是全局最优解,因此,需要一个指标来刻画长期的回报。在强化学习理论中,使用价值函数(value function)对长期收益进行衡量,这个概念在后文马尔可夫决策过程中会进行详细说明。价值函数具有以下3个特点:

(1)价值函数是对未来奖励的预测;

(2)可以用于评估状态的好坏;

(3)价值函数的计算需要对状态之间的转移进行分析。

最后,我们介绍一个重要概念:探索与利用(exploration & exploitation)。探索是指通过与环境的交互来获得更多的信息,利用是指使用当前已知信息来使智能体的表现达到最佳。举个例子来进行说明,一个淘金者发现了一个每天可以提供2g黄金的金矿,同时他也知道最大的金矿可以每天提供5g的黄金。但是如果他花费时间去寻找更大的金矿,就必须停止挖掘当前的金矿,这样找不到更大的金矿将会产生非常大的损失。由于淘金者经验丰富,确信自己可以找到大金矿,于是他选择了继续挖掘大金矿以求得更大的利益。这个时候,淘金者选择了探索而放弃了利用,他抛弃了短期回报以换取长期回报。而如果这个淘金者经验不足,难以保证自己可以找到大金矿,那么他就会选择挖掘小金矿来最大化他的收益。此时,这个淘金者选择了利用而放弃了探索,他选择了短期收益而放弃长期收益。上述的例子描述了探索-利用的权衡(exploration-exploitation trade-off)问题,这个问题关乎智能体如何平衡探索和利用,是强化学习研究中非常重要的问题。

2. 马尔可夫决策过程

马尔可夫决策过程(Markov decision process,MDP)是一个具备马尔可夫性质的离散随机过程,如图4.21所示,由六元组$\{S,A,D,P,r,J\}$来描述,其中,S表示状态空间;A表示有限动作空间;D表示初始状态概率分布,当状态是确定的,D在该初始状态下的概率为1,当初始状态是以相等的概率从所有状态中选择时,则D可以忽略;$P(s,a,s') \in [0,1]$为状态转移矩阵,表示在状态s下选择动作a后使状态转移到s'的概率;$r(s,a,s'):S \times A \times S \rightarrow \Re$为学习系统从状态$s$执行动作$a$转移到状态$s'$后获得的立即奖励,是一种"近视"的表达信号;$U$为累计回报函数,表示未来的累计奖励,而$J$为期望回报函数,表示未来累计奖励的期望值。马尔可夫决策过程的特点是目前状态s向下一个状态s'转移的概率和奖励只取决于当前状态s和采取的动作a,而与历史状态无关,因此MDP的状态转移矩阵P和奖励r也只取决于当前状态和选择的动作,与历史状态和历史动作无关。例如,在图4.21所示的具有马尔可夫性质的状态动作奖励序列中,存在下列关系:

$$P(s=s_t, a=a_t, s'=s_{t+1}) = p(s_{t+1} \mid s_t, a_t, s_{t-1}, a_{t-1}, \cdots, s_0, a_0) = p(s_{t+1} \mid s_t, a_t)$$

若状态转移矩阵 $P(s,a,s')$ 和奖励函数 $r(s,a,s')$ 与决策时间 t 无关,即不随时间 t 的变化而变化,则 MDP 称为平稳 MDP。

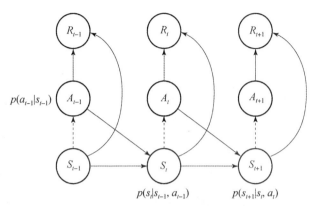

图 4.21 马尔可夫决策过程

当给定策略时,累计回报函数 $U_\pi(t)$ 可以定义为

$$U_\pi(t) = \sum_{k=0}^{\infty} \gamma r_{t+k} \tag{4.3.4}$$

而期望回报函数 $J_\pi(t)$ 可以定义为

$$J_\pi(t) = E[\sum_{k=0}^{\infty} \gamma r_{t+k}] \tag{4.3.5}$$

式中:$\gamma \in [0,1]$ 为折扣因子,用于权衡立即奖励与未来奖励之间的重要性。

在上文提到了价值函数这一概念,这里对其进行详细的说明。

价值函数可以分为两类,分别为动作价值函数 $Q_\pi(s,a)$ 和状态价值函数 $v_\pi(s)$。状态价值函数 $v_\pi(s)$ 表示智能体从状态 s 开始根据策略 π 选择动作所获得的期望总回报:

$$V_\pi(s) = E_\pi[\sum_{k=0}^{\infty} \gamma^k r_{t+k+1} \mid s_t = s] \tag{4.3.6}$$

类似于状态价值函数,MDP 的动作价值函数 $Q_\pi(s,a)$ 表示智能体从状态动作 (s,a) 出发,根据策略 π 选择动作所获得的期望回报:

$$Q_\pi(s,a) = E_\pi[\sum_{t=0}^{\infty} \gamma^k r_{t+k+1} \mid s_t = s, a_t = a] \tag{4.3.7}$$

对比式(4.3.4)与式(4.3.5)可知,$v_\pi(s)$ 和 $Q_\pi(s,a)$ 之间存在一定的关联性。对于一个确定策略 π,有 $v_\pi(s) = Q_\pi(s, \pi(s))$;对于一个随机策略,有 $v_\pi(s) = \sum_{a \in A} \pi(s,a) Q_\pi(s,a)$。因此,当给定一个策略时,动作价值函数 $Q_\pi(s,a)$

均可用状态价值函数 $V_\pi(s)$ 来表示：

$$Q_\pi(s,a) = R(s,a) + \gamma \sum_{s' \in S} P(s,a,s') v_\pi(s) \qquad (4.3.8)$$

式中：$R(s,a) = \sum_{s' \in S} P(s,a,s') R(s,a,s')$ 是在状态 s 下执行动作 a 的期望回报。

可以看出，与回报函数不同，价值函数是一种"远视"的表征信号，它表示从长远的角度来看哪些动作是好的，可以作为 MDP 的一种优化目标函数。状态价值 V_π（或动作价值 Q_π）是对奖励函数的一种预测，其目的是获得更多的回报。举例来说一个状态 s 可能会产生一个较低的立即回报，但从长远看来可能会带来更高的回报。因此，在选择动作时，通常依据值函数做出决策而不是依据回报函数：选择那些能带来最大值函数的动作，而不是选择那些能带来最大立即回报的动作。

4.3.2.2 基于强化学习的轨迹优化方法

再入飞行过程中，攻角/倾侧角剖面对飞行器的制导性能影响较为复杂，传统制导方法通常根据专家经验离线调整设计并固定飞行剖面，难以适应强扰动下的飞行环境。利用强化学习方法，可以根据飞行状态自适应调整横向和纵向剖面参数，提高飞行器的制导和轨迹优化的性能。

强化学习在轨迹优化中采用"离线训练+在线使用"的模式。类似于神经网络的应用模式，首先利用预测-校正制导等方法作为生成轨迹样本的方法，离线生成大量的轨迹样本；其次设置合理的奖励函数；然后针对飞行任务建立合适的训练模型，通常都是将倾侧角作为训练对象，建立适用于强化学习的倾侧角训练模型；再次，考虑约束条件并利用强化学习进行模型的训练，生成智能倾侧角决策模型；最后将训练好的模型装载到飞行器上，根据实时飞行状态调整横向剖面和纵向剖面，实现高超声速滑翔飞行器智能轨迹优化与制导。

基于强化学习的高超声速滑翔飞行器轨迹优化流程如图 4.22 所示。

4.3.3 基于混合优化算法的再入轨迹优化

目前，各种新型算法如雨后春笋一般涌出，传统方法的处理能力在轨迹优化问题的处理方面能力有限，结合新型算法是大势所趋。凸优化拥有有限时间、全局收敛能力，并且不依赖任何初始猜想，但是序列凸优化并没有完全继承这些优点。在 4.1 节中提到了，序列凸优化的收敛性能很大程度上依赖于参考轨迹的优劣，若参考轨迹的选取不佳时，会出现"伪不可行"现象，并且基于序列凸优化产生的凸近似子问题不一定是收敛的。而无损凸化可以处理的非凸问题有限。同时，高超声速滑翔飞行器飞行环境复杂，气动不确定性严重，使用凸优化进行在线轨迹优化与重构可能会影响飞行性能。

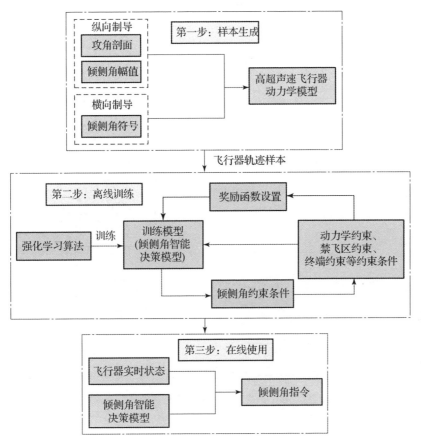

图 4.22　基于强化学习的高超声速滑翔飞行器轨迹优化流程图

同时,神经网络作为优秀的非线性函数逼近器,已经在越来越多的领域大放异彩。在 4.3.1 节中介绍了神经网络在轨迹优化领域中的应用模式,其中,轨迹样本采用预测校正方法进行生成。在这里可以利用凸优化生成质量更好的轨迹样本,提高神经网络训练质量,训练流程如图 4.23 所示。

其他的混合优化算法如结合参数化方法与群智能算法如麻雀算法得到控制参数化的改进麻雀搜索算法[15]、结合多种群智能优化算法的新型算法、结合凸优化和模型预测控制的优化算法[16]等,都在轨迹优化问题的处理上展示出了其自身的独特优势。

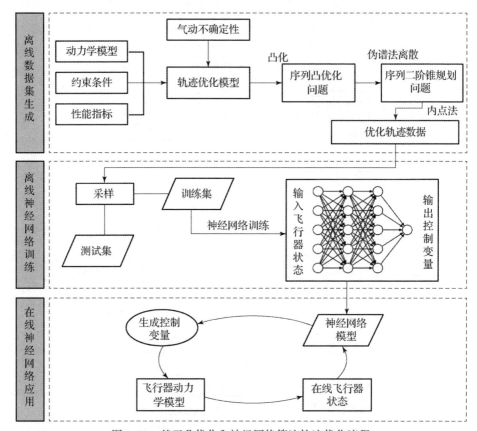

图4.23 基于凸优化和神经网络算法轨迹优化流程

参考文献

[1] BOYD S,VANDENBERGHE L. Convex Optimization[M]. Cambridge:Cambridge University Press,2004.

[2] 程晓明,尚腾,徐帆,等. 基于序列凸规划的运载火箭轨迹在线规划方法[J]. 宇航学报,2021,42(02):202-210.

[3] Liu X F,Shen Z J,Lu P. Entry Trajectory Optimization by Second-Order Cone Programming[J]. Journal of Guidance,Control,and Dynamics,2016,39(2):227-241.

[4] ACIKMESE B,BLACKMORE L. Lossless Convexification of a Class of Optimal Control Problems with Non-Convex Control Constraints[J]. Automatica,2011,47(2):341-347.

[5] BLACKMORE L,ACIKMESE B,JOHN J M. Carson Ⅲ. Lossless Convexification of Control Constraints for a Class of Nonlinear Optimal Control Problems[J]. Systems and Control Letters,2012,61(8):863-870.

[6] ZHOU H Y,WANG X G,BAI B,et al. Reentry Guidance with Constrained Impact for Hypersonic Weapon by Novel Particle Swarm Optimization[J]. Aerospace Science and Technology,2018,78:205-213.

[7] LI Z H,HU C,DING C B,et al. Stochastic Gradient Particle Swarm Optimization Based Entry Trajectory Rapid Planning for Hypersonic Glide Vehicles[J]. Aerospace science and technology,2018,76:176-186.

[8] 徐慧,蔡光斌,崔亚龙,等. 高超声速滑翔飞行器再入轨迹优化[J]. 哈尔滨工业大学学报,2023,55(4):44-55.

[9] SEYEDALI M,ANDREW L. The Whale Optimization Algorithm[J]. Advances in engineering software,2016,95:51-67.

[10] 魏昊,蔡光斌,凡永华,等. 高超声速飞行器再入滑翔段在线制导[J]. 北京航空航天大学学报.

[11] 程林,蒋方华,李俊峰. 深度学习在飞行器动力学与控制中的应用研究综述[J]. 力学与实践,2020,42(03):267-276.

[12] LI Z H,SUN X D,HU C,et al. Neural Network Based Online Predictive Guidance for High Lifting Vehicles[J]. Aerospace science and technology,2018,82-83:149-160.

[13] 惠俊鹏,汪韧,俞启东. 基于强化学习的再入飞行器"新质"走廊在线生成技术[J]. 航空学报,2022,43(09):623-635.

[14] 惠俊鹏,汪韧,郭继峰. 基于强化学习的禁飞区绕飞智能制导技术[J]. 航空学报,2023,44(11):240-252.

[15] XU H,CAI G B,ZHANG S X,et al. Hypersonic Reentry Trajectory Optimization by Using Improved Sparrow Search Algorithm and Control Parametrization Method[J]. Advances in Space Research,2022,69(6):2512-2524.

[16] BENEDIKTER B,ZAVOLI A. Autonomous Upper Stage Guidance Using Convex Optimization and Model Predictive Control[C]. Accelerating Space Commerce,Exploration,and New Discocery Conference,2020.

第5章 再入机动制导方法

高超声速飞行器飞行过程分为助推段、再入段等[1-3]，其中再入段可细分为初始下降段、滑翔段、俯冲段，如图5.1所示。再入段是飞行距离最远、空域跨度最大、气动环境变化最剧烈的一段，高度跨越太空域、临近空间、稠密大气层，速度经历高超声速、超声速、跨声速、亚声速等阶段，需综合考虑到复杂的大气环境，这个过程中飞行器具有速度高、状态变化快、机动能力强和可达域覆盖范围广的特点。由于飞行器经历的飞行环境恶劣，飞行过程复杂，导致飞行器在再入过程中呈现出异常复杂的飞行特性，主要体现在以下方面：

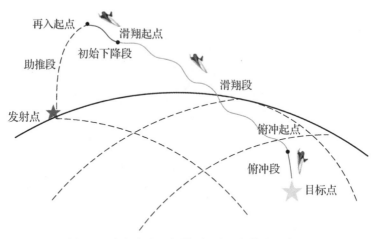

图5.1 高超声速飞行器再入段飞行轨迹示意图

(1) 耦合特性严重。由于其大空域、宽速域、高机动的飞行特性，高超声速飞行器轨迹与姿态变化剧烈，飞行器模型除受到非线性特性影响外，亦呈现出强烈的姿轨耦合、横纵交叉耦合及通道耦合特性。

(2) 不确定程度高。飞行器再入过程气动环境恶劣，飞行器受到大量外界干扰和气动参数不确定的影响,导致飞行器模型表现出强不确定的特性。例如,X-33可重复使用飞行器在俯仰方向上的气动力矩不确定性和阻尼不确定性分别高43%和80%。

(3)约束条件苛刻。受飞行器自身结构的限制,高超声速飞行器再入过程必须严格满足热流、动压、过载以及可能存在的路径点和禁飞区约束,同时准平衡滑翔条件的引入,导致高超声速飞行器的再入飞行走廊被限制在非常狭小的飞行区域。

综上所述,高超声速飞行器是一个集多变量、强耦合、非线性、不确定、多约束的复杂被控对象,其高自主性、高可靠性、高安全性和高灵活性的制导控制系统设计面临巨大挑战,相关技术的研究已经成为当今航空航天领域最为前沿的研究课题之一。

5.1 标称轨迹跟踪制导

标称轨迹跟踪制导方法[4-5]是最早出现的再入制导方法,其主要思想是事先规划一条参考轨迹并装订到弹载计算机上,然后通过跟踪标称轨迹进行制导。离线规划的标称轨迹,可以根据工程经验设计得到,也可以根据约束条件利用轨迹规划方法规划好,然后预先装订几条标称轨迹在弹载计算机中。在线标称轨迹可以利用飞行器离轨之前的一段时间,即离轨制动后的惯性飞行过渡阶段,结合机载导航系统的实际飞行数据规划出标称轨迹;或者实际再入过程中利用在线轨迹规划算法计算出标称轨迹。但由于弹载计算机的处理能力限制以及算法自身的收敛性、可靠性问题,做到实时的在线轨迹规划存在较大的工程实现难度。在线轨迹规划算法可以充分利用离轨前的轨道和姿态信息,因此较于离线规划的标称轨迹,可以显著减小进入点的初始偏差。

为了提高航天器标称轨迹跟踪制导方法的自适应性和鲁棒性,国内外学者基本沿着两条途径对其进行改进:①研究在线快速轨迹规划算法,利用弹载计算机和导航系统的实际飞行数据,在线实时规划出满足终端约束和路径约束的制导指令,尽量减小外部干扰、参数不确定性或者落点任务的改变对制导精度的影响;②研究鲁棒性能好、自适应能力强的标称轨迹方法。本节主要对标称轨迹跟踪制导方法的理论、应用和发展展望等几个方面展开说明。

5.1.1 标称轨迹生成方法

离线标称轨迹跟踪制导通常将纵向制导和横向制导分开设计。纵向制导主要通过对给定的飞行剖面跟踪来实现;横向制导设计倾侧角反转逻辑,通过倾侧角符号的变化完成对飞行方向的控制,最终实现对高超声速飞行器纵向和横向轨迹的有效控制。

纵向轨迹规划方面,为了满足再入过程中的复杂约束,常用的方法是将飞行约束转化为飞行走廊,在规划标称轨迹时,保证标称轨迹在飞行走廊内,则满足再入约束。常用的再入飞行走廊包括:阻力加速度 – 速度走廊、阻力加速度 – 能量走廊、高度 – 速度走廊。

高超声速飞行器在再入过程中采用无动力形式滑翔,考虑地球为一个圆球体,忽略其自转影响,同时引入能量 $E = v^2/2 - \mu/2$(式中 μ 为引力常数,v 为飞行器运动速度。)作为独立变量,控制量为 α 和 σ。可以得到在纵向平面内的质心动力学方程如下式:

$$\begin{cases} \dot{\theta} = -\dfrac{\cos\gamma\cos\psi}{r\cos\phi}\left(\dfrac{1}{D}\right) \\ \dot{\phi} = -\dfrac{\cos\gamma\sin\psi}{r}\left(\dfrac{1}{D}\right) \\ \dot{r} = -\sin\gamma\left(\dfrac{1}{D}\right) \\ \dot{\psi} = \dfrac{\cos\psi\tan\phi\cos\gamma}{r}\left(\dfrac{1}{D}\right) + \dfrac{1}{v^2\cos\gamma}\left(\dfrac{L\sin\sigma}{D}\right) + C_\psi \\ \dot{\gamma} = \left(g - \dfrac{v^2}{r}\right)\dfrac{\cos\gamma}{v^2}\left(\dfrac{1}{D}\right) - \dfrac{1}{v^2}\left(\dfrac{L}{D}\cos\sigma\right) + C_\gamma \end{cases} \tag{5.1.1}$$

式中:r、θ 和 ϕ 分别表示飞行器的地心距、经度和纬度;γ 为飞行航迹角;ψ 为飞行航向角;σ 为倾侧角;C_ψ、C_γ 分别是地球自转对航向角和航迹角变化率带来的影响;升力 L 和阻力 D 的加速度由以下公式给出:

$$\begin{cases} L = \dfrac{1}{2}\rho(r)v^2 \cdot \dfrac{S}{m} \cdot C_L(\alpha,M) \\ D = \dfrac{1}{2}\rho(r)v^2 \cdot \dfrac{S}{m} \cdot C_D(\alpha,M) \end{cases} \tag{5.1.2}$$

式中:$C_L(\alpha,M)$、$C_D(\alpha,M)$ 分别为升力和阻力的气动系数,为攻角和马赫数的函数;m 为飞行器质量;S 为飞行器参考面积;$\rho(r)$ 为大气密度函数;h_s 为大气测量高度。重力加速度由 $g = \mu/r^2$ 计算。大气密度采用指数函数模型:

$$\rho(r) = \rho_0 e^{-\frac{r-r_0}{h_s}} \tag{5.1.3}$$

式中:ρ_0 为海平面大气密度。

C_ψ 和 C_γ 由下式确定:

$$\begin{cases} C_\psi = -\left(\dfrac{2\omega_p}{vD}\right)(\tan\gamma\sin\psi\cos\phi - \sin\phi) \\ C_\gamma = -\left(\dfrac{2\omega_p}{vD}\right)\cos\psi\cos\phi \end{cases} \quad (5.1.4)$$

式中:ω_p 为地球自转角速率。

高超声速滑翔飞行器再入过程中,飞行速度快,飞行状态变化剧烈,为确保飞行器的安全再入,必须综合考虑动压约束 q、气动加速度约束 L_z 及驻点热流率约束 $\dot{Q}$ 等路径约束。其中,动压约束如下:

$$q = \frac{1}{2}\rho v^2 \leq q_{\max} \quad (5.1.5)$$

气动加速度约束表示为

$$L_z = L\cos\alpha + D\sin\alpha \leq A_{\max} \quad (5.1.6)$$

热流率约束表示为

$$\dot{Q} = c\sqrt{\rho}v^{3.15} \leq \dot{Q}_{\max} \quad (5.1.7)$$

式中:$q_{\max}$、$A_{\max}$ 和 $\dot{Q}_{\max}$ 分别为最大动压、最大气动加速度和最大热流率。

路径约束可以将飞行器的飞行限制在一个范围内,这个范围就是飞行走廊。基于以上路径约束可以构建阻力加速度-速度飞行走廊:

$$\begin{cases} D \leq q_{\max}\dfrac{S}{m}C_D \\ D \leq \dfrac{A_{\max}}{\sin\alpha + (L/D)\cos\alpha} \\ D \leq \dfrac{1}{2}\left(\dfrac{\dot{Q}_{\max}}{cv^{3.15}}\right)^2 v^2 \dfrac{S}{m}C_D \end{cases} \quad (5.1.8)$$

将式(5.1.8)视为等式进行阻力加速度-速度飞行走廊的构建。在每个能量点处式(5.1.8)中最小的阻力值,通过在整个飞行阶段取点可以构建出阻力加速度-速度走廊的上界,称为 $D_{\max}$。下边界 $D_{e.g.}$ 由零倾侧角时平衡滑翔条件确定,即飞行器所受的升力与其重力相等,此时 $\dot{\gamma}=0$ 和 $\sigma=0$。与 $D_{\max}$ 不同的是,$D_{e.g.}$ 不是一个硬约束,当 $D<D_{e.g.}$ 时,飞行器依然能够保持正常且安全的飞行,但是不能保持平衡滑翔条件。图 5.2 展示了通过以上方法构建出的阻力加速度-能量飞行走廊。

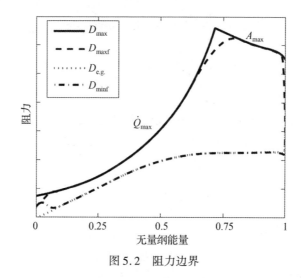

图 5.2 阻力边界

为了限制控制量突变而造成制导控制系统的失稳,还需要对攻角 α 和倾侧角 σ 的一阶和二阶导数进行限制,保证其变化的稳定。

$$\begin{cases} |\dot{\sigma}| \leqslant \dot{\sigma}_{\max} \\ |\ddot{\sigma}| \leqslant \ddot{\sigma}_{\max} \\ |\dot{\alpha}| \leqslant \dot{\alpha}_{\max} \\ |\ddot{\alpha}| \leqslant \ddot{\alpha}_{\max} \end{cases} \tag{5.1.9}$$

需要注意的是,式(5.1.9)不是必要的约束条件,在进行制导算法设计的过程中,可以通过适当收紧飞行走廊避免出现过多的约束。

最原始的标称轨迹设计将控制量攻角和倾侧角均设计为分段线性函数,在完成对于飞行器动力学模型以及约束条件的构建后,可以选择某个指标对其进行优化,如最大有效载荷、最小总吸热量、最小总过载、最大终端速度、最短飞行时间等,具体的指标取决于实际飞行任务。由此完成高超声速飞行器标称轨迹的建立。

5.1.2 参考轨迹跟踪方法

参考轨迹跟踪是标称轨迹跟踪制导中的一个重要问题。由于外部和内部的干扰,飞行器再入飞行的实际轨迹将偏离参考轨迹。利用实际轨迹与参考轨迹之间的偏差,通过状态反馈得到下一步控制指令的制导补偿信号。该命令可以控制飞行器正确跟踪参考轨迹。跟踪参考轨迹的主要挑战在于如何通过偏差产生合适的补偿信号。在轨迹跟踪方法方面,已经发展出了许多用于标称轨迹的经典方法,包括反馈线性化方法、线性二次型调节器(linear quadratic regulator,LQR)方法、滑模变结构法、微分变换法、自适应动态面法等。本小节以 LQR 为例,解决参考轨迹的跟踪问题。

在线性系统和二次型性能指标的情况下,LQR 最终将最优控制问题转化为求解 Riccati 方程。首先,基于小偏差理论,以偏差为状态参数,建立了运动的线性方程:

$$\begin{cases} \delta \dot{x} = A\delta x + B\delta u \\ \delta y = C\delta x \end{cases} \tag{5.1.10}$$

式中:$\delta x = [z_\delta, v_\delta]^T$,$\delta u = \sigma_\delta$,$\delta x$ 为状态量偏差,δu 为控制量偏差,z_δ 为高度偏差,v_δ 为速度偏差,σ_δ 为倾侧角偏差;A 为系统矩阵;B 为控制矩阵;C 为输出矩阵。

然后,构造二次型性能指标:

$$J(t, t_f) = \int_t^{t_f} [\delta x^T(\tau) Q \delta x(\tau) + \delta u(\tau) R \delta u(\tau)] d\tau \tag{5.1.11}$$

式中:Q、R 为二次型性能指标中的常值系数矩阵。

为了使指标 J 最小,首先计算 Riccati 方程,得到最优反馈增益 $K(t)$。Riccati 方程为

$$PA - PBR^{-1}B^T P + Q + A^T P = 0 \tag{5.1.12}$$

式中:t_f 为终端时刻;P 为 Riccati 方程的解。

通过方程求解得到每个时刻 t 对应的解 $P(t)$,可得反馈增益:

$$K(t) = R^{-1} B^T(t) P(t) \tag{5.1.13}$$

此时,可以得到补偿信号:

$$\delta u = -K\delta x \tag{5.1.14}$$

最后得到由参考信号 u 和补偿信号 δu 组成的实际制导信号 σ:

$$\sigma = u + \delta u = \sigma_{ref} - K\delta x \tag{5.1.15}$$

式中:σ_{ref} 为倾侧角参考信号。

传统的标称轨迹跟踪制导方法是基于参数不变和初始状态小偏差理论,进行制导律参数离线迭代设计。如果存在较大的状态偏差,所设计的制导律可能无法使飞行器跟踪上标称轨迹,同时针对大气密度和航天器气动参数的鲁棒性差。即使在线引入参数估计,利用滤波器估计实际飞行中的气动参数等,或者用神经网络的万能逼近能力在线逼近模型偏差进行补偿,也只能部分改善跟踪标称弹道制导方法的鲁棒性。

5.1.3 标称轨迹跟踪制导的典型应用

基于标称轨迹的制导方法是目前高超声速滑翔飞行器轨迹规划与制导领域应用最为广泛的一种方法,而其中又以基于阻力加速度走廊的跟踪制导方法最为著

名。1979年,离线二维标称轨迹跟踪制导方法首先应用于航天飞机的再入返回滑翔段中。该制导方法基于给定的攻角-速度剖面,并将约束条件表示成飞行走廊的形式;在此基础上,通过迭代算法插值得到倾侧角及倾侧反转策略。

除此之外,阻力加速度-能量走廊、动压-高度走廊也得到广泛的研究与发展。因为飞行器在滑翔段一直保持无动力飞行,飞行器的机械能必然单调递减。此外,由于能量同时包含了速度和高度信息。因此,直接规划阻力加速度-能量走廊比传统阻力加速度-速度走廊在控制精度、速度上更具有优势。

在此基础上,大量的飞行剖面跟踪方法,包括线性反馈制导方法、基于预测控制的跟踪制导方法、改进的加速度再入制导方法相继被应用于高超声速飞行器再入制导中。值得一提的是,在对标称轨迹跟踪制导方法改进的过程中,Mease等提出的演化加速度制导(evolved acceleration guidance logic for entry,EAGLE)方法表现较为突出。针对传统阻力加速度剖面未考虑轨迹曲率而采用大圆弧假设引起的航程计算误差问题,EAGLE通过将标准剖面规划转换为轨迹长度和轨迹曲率两个子问题进行求解。首先根据大圆弧假设得到的总射程解算初始阻力加速度剖面,并由此计算考虑轨迹曲率影响后的实际射程,然后调整阻力加速度剖面直至满足轨迹长度要求,侧向倾侧角反转时机在求解轨迹曲率子问题时作为待定参数,通过迭代搜索使其满足终端横程和航向约束要求。在参考剖面跟踪上,将解算轨迹曲率子问题得到的航向角剖面和规划的阻力加速度剖面一起作为需要跟踪的参考剖面,通过分别设计PID控制器跟踪参考阻力加速度剖面和航向角剖面获得倾侧角大小,再将两者的加权值作为实际控制的倾侧角。采用EAGLE方法获得的弹道有效提高了终端横程控制精度,美国马歇尔航天仿真中心的仿真结果也证明了这一点。

5.1.4 标称轨迹跟踪制导的特点及发展展望

目前得到成功应用的标称轨迹制导方法都是跟踪离线设计好的标称轨迹,在线轨迹规划方法的实时性、可靠性以及可解性难以得到保证,导致目前其在工程上无法得到应用,其主要问题有以下两点:

(1)时效性差。标称轨迹跟踪制导的原理决定了飞行器必须将地面指控系统根据任务需求设计的分析轨迹提前存储于弹载计算机中,在实际飞行中予以跟踪飞行,该方法实现简单,对弹载计算机能力要求低。但是使用这种方法的飞行器在发射前必须消耗一段时间用于轨迹计算和诸元装订,不利于任务的快速响应和战场的有效生存。在实际飞行中,飞行器受内外扰动影响会与标称轨迹有一定程度的偏离,当偏离过大时会使得制导精度严重降低;并且这种方法不能应用于飞行器发射后有任务变更的场景,限制了飞行器的任务执行能力。

(2)适应性差。事实上,传统的航天飞机再入制导方法,尤其是基于标准剖面的弹道规划方法行之有效的一个重要前提是事先给定优化的参考攻角剖面,该攻角剖面通常为分段函数形式,此时飞行器的控制量只有倾侧角。之所以要将攻角剖面事先给定,一方面是飞行器再入飞行时,尤其是初始再入段产生的气动热现象十分严重。为了控制驻点热流率,确保再入时飞行器不被烧毁而必须将攻角限制在一个合理的范围。另一方面,当同时调整攻角和倾侧角控制飞行轨迹时,由于纵向、侧向运动耦合较为严重,难以找到稳定收敛的双通道轨迹控制方法。因此,为了确保飞行器安全和降低参考轨迹的设计难度,在标准剖面设计之前先通过优化确定参考的攻角剖面。这种策略在早期滑翔飞行器仅需实现从起点到目标点间的典型任务下是可行且得到广泛认可的。但是,随着科技的进步和人们对再入问题认识的深入,对滑翔飞行器完成任务的复杂程度也赋予了更多的期望,尤其是在充分发挥其侧向机动飞行能力上提出了更多的要求。所以,采用固定攻角剖面的传统标准剖面规划与制导方法限制了飞行器机动能力的发挥,已成为了制约飞行器弹道规划与制导技术进一步发展的一个障碍。

5.2 预测校正制导

各种改进的离线标称轨迹跟踪制导方法无法从根本上解决制导方法对飞行器初始再入状态敏感和实际飞行过程中只能在标称轨迹一个较小范围调整飞行轨迹的问题。在线轨迹实时生成方法存在算法实时性难保证,以及算法的收敛性问题,导致其难以在工程上得到实际应用。因此,国内外学者在计算机性能提升基础上,提出了预测校正制导方法。

预测校正制导方法[6-10]是指基于当前飞行状态,利用数值积分或解析表达式预测出给定控制变量下的终端状态,通过计算预测终端状态与设定终端状态值的偏差调整控制变量,从而实现对飞行轨迹的精准控制。

5.2.1 预测校正制导算法的原理

与标称轨迹跟踪制导方法不同,预测校正制导方法不需要依赖标准剖面或轨迹,直接基于当前状态不断预测轨迹或终端状态而对控制量进行修正完成轨迹控制任务。因此该方法的核心思想主要包括两部分:如何基于当前状态实现轨迹或终端状态预测;如何根据预测弹道修正控制量。

首先将目标落点装订到飞行器计算机内,在飞行过程中实时预测落点并将其与目标落点相比较得到偏差。在满足热流率、过载和动压等约束下,利用偏差信号计算控制信号,通过调节攻角和倾侧角,改变升力的大小和方向,实现对落点的精确控制。由于预测校正过程包括了从当前点到终端点的轨迹预测,过程中的最大动压、最大过载、峰值热流率以及地面投影轨迹都可自然地得到,当预测的相关约束不满足或达到临界情况时,提前采取修正制导指令便控制预测的相关约束以满足任务要求。因此预测校正制导方法从本质上比标称轨迹的制导方法更容易处理过程约束问题。

预测校正制导是通过在线轨迹规划完成制导任务的方法,因不需要标称轨迹的离线设计,且不存在小偏差理论的假设,通过实时在线轨迹规划具备对扰动偏差较强的适应性,可以在一个较大的范围内对飞行轨迹进行调整,自适应性和鲁棒性都较强,是一种自主制导方法。预测校正制导的原理流程如图 5.3 所示。

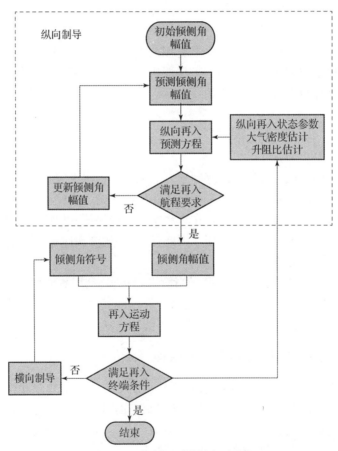

图 5.3 预测校正制导原理框图

预测校正制导的主要步骤分为三步:建立再入制导模型、纵向制导律设计以及横向制导律设计。

1. 再入制导模型的建立

首先高超声速滑翔飞行器动力学模型如下：

$$\dot{r} = v\sin\gamma \tag{5.2.1}$$

$$\dot{\theta} = \frac{v\cos\gamma\sin\psi}{r\cos\phi} \tag{5.2.2}$$

$$\dot{\phi} = \frac{v\cos\gamma\sin\psi}{r} \tag{5.2.3}$$

$$\dot{v} = -D - \frac{\sin\gamma}{r^2} \tag{5.2.4}$$

$$\dot{\gamma} = \frac{1}{v}\left[L\cos\sigma + \left(v^2 - \frac{1}{r}\right)\frac{\cos\gamma}{r}\right] \tag{5.2.5}$$

$$\dot{\psi} = \frac{1}{v}\left(\frac{L\sin\sigma}{\cos\gamma} + \frac{v^2}{r}\cos\gamma\sin\psi\tan\phi\right) \tag{5.2.6}$$

具体建模过程在第 2 章已经详细介绍过，这里不再赘述。

路径约束为

$$\begin{cases} Q = K_Q\sqrt{\rho}v^{3.15} \leqslant Q_{max} \\ q = 0.5\rho v^2 R_0 g_0 \leqslant q_{max} \\ n = \sqrt{L^2 + D^2} \leqslant n_{max} \end{cases}$$

通过对路径约束的处理，可以得到高度 - 速度剖面的下边界：

$$h > \max\left\{-\frac{2}{\beta}\ln\left(\frac{Q_{max}}{k_Q\sqrt{\rho}v^{3.15}}\right), -\frac{1}{\beta}\ln\left(\frac{2q_{max}}{\rho_0 v^2 R_0 g_0}\right), -\frac{1}{\beta}\ln\left(\frac{2mn_{max}}{R_0 S\rho_0 v^2\sqrt{L^2+D^2}}\right)\right\}$$

在高度 - 速度剖面上可以得到最大大气密度 ρ_{max} 随速度的变化规律，然后利用升力公式得到最大升力 L_{max} 随速度 v 的变化规律。

考虑平衡滑翔条件为

$$L\cos\sigma - \left(\frac{1}{r^2} - \frac{v^2}{r}\right)\frac{\cos\gamma}{r} = 0 \tag{5.2.7}$$

假设 $\sigma = \sigma_{QEGC}, r = 1, \gamma \approx 0$ 可计算最大倾侧角边界为 $\sigma_{QEGCmax} = \arccos(1 - v^2/L_{max})$。对于高超声速飞行器，倾侧角的另一个约束为 $L\cos\sigma_{EQ} + (v^2 - 1) \leqslant 0$，其中 σ_{EQ} 为指定的倾侧角。该约束的作用是减少再入轨迹的摆振，保持足够的倾侧角裕度以应对可能产生的轨迹散布。该约束也为软约束，突破该约束不会对飞行安全产生影响。根据上述处理，倾侧角约束如下：

$$\sigma_{EQ} \leqslant \sigma \leqslant \sigma_{QEGCmax} \tag{5.2.8}$$

使用能量变量 e 作为自主变量进行制导算法的研究：

$$e = \frac{1}{r} - \frac{v^2}{2} \tag{5.2.9}$$

为实现滑翔段与着陆段的顺利交接班,飞行器需满足指定的终端状态约束。终端约束主要有高度约束、速度约束和航程约束:

$$\begin{cases} r(\tau_f) = r_f^* \\ v(\tau_f) = v_f^* \\ s(\tau_f) = s_f^* \end{cases} \tag{5.2.10}$$

式中:$r(\tau_f)$、$v(\tau_f)$、$s(\tau_f)$ 分别为终端时刻 τ_f 的终端高速、速度、剩余航程;r_f^*、v_f^*、s_f^* 分别为期望的终端高速、速度、剩余航程。

2. 纵向剖面制导律设计

再入飞行轨迹始于升力相当小的高度。因此,在此阶段采用开环制导。在这个阶段,选择恒定的倾侧角 σ_0 作为控制变量,其符号为

$$\text{sgn}(\sigma_0) = -\text{sgn}(\Delta\psi) \tag{5.2.11}$$

式中:航向角偏移 $\Delta\psi = \psi - \psi_{\text{LOS}}$,$\psi_{\text{LOS}}$ 为当前位置沿连接当前位置和目标位置的大圆的方位角;ψ 为当前的实际方位角。

假设滑翔过程中航迹角较小,即 $\gamma \approx 0$,得到速度与高度的关系为

$$v = \frac{1}{r}\left(\frac{C_L S \rho R_0 \cos\sigma}{2m} + \frac{1}{r}\right)^{-\frac{1}{2}} \tag{5.2.12}$$

式中:C_L 为升力系数;R_0 为地球半径;S 为飞行器截面积;m 为飞行器质量。

滑翔过程的大气密度也可以得到:

$$\rho = \frac{2m\cos\gamma}{SC_L v^2 R_0 \cos\sigma}\left(\frac{1}{r^2} - \frac{v^2}{r}\right) \tag{5.2.13}$$

对式(5.2.12)、式(5.2.13)两边进行微分可得

$$\frac{\mathrm{d}\rho}{\mathrm{d}v} = -\frac{4m\cos\gamma}{SC_L v^3 r^2 R_0 \cos\sigma} \tag{5.2.14}$$

利用式(5.2.4)和式(5.2.7),可以得到大气密度指数:

$$\frac{\mathrm{d}v}{\mathrm{d}\rho} = \frac{D}{\rho\beta v R_0 \sin\gamma} + \frac{1}{\rho\beta v r^2 R_0} \tag{5.2.15}$$

对比式(5.2.14)和式(5.2.15),利用 QEGC 可以得到航迹角与速度的关系

$$\tan\gamma = -\frac{1}{K^* \cos\sigma[0.5\beta r^2 v^2 R_0 + (1-v^2 r)^{-1}]} \tag{5.2.16}$$

式中:$K^* = L/D$。以上得到了 ρ 和 γ 以速度为自变量的函数。根据飞行航迹角的小角度假设,$\cos\gamma \approx 1$,$\sin\gamma \approx 0$,因此可以得到

$$\frac{\mathrm{d}v}{v^2 r - 1} = \frac{\mathrm{d}\tau}{r^2 K^* \cos\sigma} \tag{5.2.17}$$

近似地取 $r \approx 1$,设置初始时间 $\tau_0 = 0$,积分可得

$$\ln\left|\frac{v(\tau)-1}{v(\tau)+1}\right| - \ln\left|\frac{v_0-1}{v_0+1}\right| = \frac{2\tau}{K^*\cos\sigma} \quad (5.2.18)$$

通常 $0 < v(\tau) < 1$，令 $\lambda(\tau) = \frac{2\tau}{K^*\cos\sigma} + \ln\left|\frac{v_0-1}{v_0+1}\right|$，可以得到速度关于时间的表达式

$$v(\tau) = \frac{1-\mathrm{e}^{\lambda(\tau)}}{1+\mathrm{e}^{\lambda(\tau)}} \quad (5.2.19)$$

式中：e 为自然常数；$\lambda(\tau) = \frac{2\tau}{K^*\cos\sigma} + \ln\left|\frac{v_0-1}{v_0+1}\right|$。

根据式(5.2.1)、式(5.2.7)及式(5.2.14)，可以得到高度关于速度的表达式

$$h = \frac{2}{h_s}\left(\ln\frac{v}{v_0} + \frac{1}{2}\ln\frac{1-v_0^2}{1-v^2}\right) + h_0 \quad (5.2.20)$$

式中：h_0 为初始高度。

实际剩余航程定义为连接当前位置和目标位置的大圆弧，由以下公式进行计算：

$$s_{\mathrm{togo}} = \arccos[\sin\phi\sin\phi_f + \cos\phi\cos\phi_f\cos(\theta_f-\theta)] \quad (5.2.21)$$

式中：θ_f、ϕ_f 分别为目标地点经度和纬度。当忽略该大圆方位角与方位角 $\Delta\psi$ 之间的偏置时，预测剩余距离 s_p 的微分方程为

$$\dot{s}_p = \frac{\mathrm{d}s}{\mathrm{d}\tau} = -\frac{v}{r}\cos y \quad (5.2.22)$$

利用式(5.2.17)和式(5.2.22)对上式进行积分可得：

$$s_p = \frac{1}{2}K^*\cos\sigma\ln\frac{rv^2-1}{rv_0^2-1} \quad (5.2.23)$$

终端的飞行距离应满足要求：

$$s_f(\sigma) = s_{\mathrm{togo}} - s_p = s_{\mathrm{togo}} - \frac{1}{2}K^*\cos\sigma\ln\frac{rv_f^2-1}{rv_0^2-1} = 0 \quad (5.2.24)$$

由于终端的飞行距离是倾侧角的非线性函数，可以用割线法来调整倾侧角的大小：

$$|\sigma_{i+1}| = |\sigma_i| - \frac{|\sigma_i|-|\sigma_{i-1}|}{s_{f,i}-s_{f,i-1}}s_{f,i} \quad (5.2.25)$$

对于每个制导周期，当满足终端的飞行距离时，取倾侧角 σ 作为纵向制导指令，倾侧角的符号由横向制导逻辑决定。

3. 横向制导律设计

再入飞行器的横向运动由其倾侧角的符号控制，改变倾侧角符号的传统方法是基于相对目标点飞行器方位角误差的阈值。基于横向机动范围和剩余航程以确

定倾侧角符号并控制终端航向误差,已被证明比传统基于方位角误差的方法更为有效,因此本节介绍的横向制导也是采用了这种方法。

目标点的横向航程为χ,如图 5.4 所示,其计算公式为

$$\chi = -\arcsin[\sin s_{togo} \sin(\psi - \psi_{LOS})] \quad (5.2.26)$$

其中,s_{togo} 与 ψ_{LOS} 上文定义一致。图 5.4 从图形的角度展示了如何推导式(5.2.27)。所以,方位角 ψ_{LOS} 的计算公式为

$$\psi_{LOS} = -\arcsin\left(\frac{\sin(\theta_f - \theta)\cos\phi_f}{\sin s_{togo}}\right) \quad (5.2.27)$$

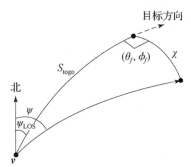

图 5.4 几何球面示意图

定义横向航程的参考边界:

$$\bar{\chi} = -\sin(\sin s_{togo} \sin(\Delta\psi)) \quad (5.2.28)$$

为了实现对横向轨迹的控制,需要找到适合的倾侧角符号的反转逻辑。倾侧角符号反转逻辑的传统逻辑是设计飞行器位置相对于目标地点方位角误差的参考横向边界。当飞行器到达参考横向边界时,倾侧角符号发生改变,飞行器运动方向发生反转,确保飞行器始终处于参考横向边界内。因此,横向制导律如下所示:

$$S_\sigma(\tau_i) = \begin{cases} \text{sgn}(\sigma(\tau_{i-1})), & |\chi_i| \leqslant |\bar{\chi}_i| \\ \text{sgn}(S_\sigma(\tau_{i-1})), & |\chi_i| \geqslant |\bar{\chi}_i| \cap |\chi_{i-1}| > |\bar{\chi}_{i-1}| \\ -\text{sgn}(S_\sigma(\tau_{i-1})), & |\chi_i| \geqslant |\bar{\chi}_i| \cap |\chi_{i-1}| < |\bar{\chi}_{i-1}| \end{cases} \quad (5.2.29)$$

结合倾侧角幅值可以确定最终的横向制导律为

$$\sigma_{cmd} = S_{sigma}|\sigma_{cmd}| \quad (5.2.30)$$

5.2.2 预测校正制导算法的典型应用

在 20 世纪计算机能力有限的情况下,为了保证算法的实时性,采用解析预测

的制导算法。例如阿波罗飞船利用简化的近似解析表达式进行轨迹预测,航天飞机采用分段解析的形式进行轨迹预测。Chapman 总结了航天器不同飞行阶段的动力学特性和飞行特点,给出了不同飞行阶段的航程近似表达式,然后进行快速的航程预测,根据航程偏差迭代更新制导量。解析预测方法存在较多的近似策略,导致其通用性差,在发射之前为了保证实际飞行的制导精度,需要进行大量的设计工作。针对长航程的进入航天器来说,整个进入过程动态范围变化较大,一般很难得到解析解,分段近似导致算法的精度较差,不能满足航天器越来越高的制导精度需求。

随着 20 世纪末期计算机水平的快速发展,国内外学者提出采用数值递推动力学和运动学方程的形式,预测航天器的终端状态、预测精度和算法的适应性都得到很大的提升,数值预测校正制导方法也取得了很大的进展。Fuhry 为轨道航天器设计了一种自适应预测校正再入制导律,其通过设计制导量的偏导数,然后迭代求解得到倾侧角指令和唯一的倾侧角翻转时间指令。结果验证其在大扰动条件下仍具有良好的性能,表明了预测校正制导方法具备较强的鲁棒性和灵活性的事实。预测校正制导算法也被应用到高超声速飞行器制导问题中,大升阻比飞行器具有类似于飞机的外形,具备更强的制导能力,利用预测校正制导算法调整飞行器的攻角、倾侧角以及倾侧角反转次数使飞行器在满足过程约束条件的同时,确保飞行器满足多种终端约束。

进入 21 世纪后,数值预测校正再入制导方法也进入了快速发展的时期。针对小升阻比航天器的进入问题,Lu Ping 给出了两种数值预测校正再入制导方法:第一种算法是找到一条从当前位置到终点的完整三维再入轨迹,通过得到倾侧角翻转前一时刻的一个固定的常值倾侧角、倾侧角翻转的开始时间点、倾侧角翻转之后的一个线性的倾侧角剖面来实现飞行器的再入制导;第二种算法通过确定一个倾侧角幅值剖面,找到可行的纵向轨迹,然后采用基于漏斗边界的横向制导逻辑,控制倾侧角的翻转。

5.2.3 预测校正制导算法的特点及发展展望

预测校正制导方法虽能提升算法的灵活性和自适应性,但是当存在较大的状态偏差和参数不确定时,如果飞行器的制导能力有限,此时会限于能力边界。特别是在飞行阶段后期,导致校正终端状态的能力有限。目前大多数预测校正制导方法都在事先设计的参数化剖面形式基础上校正制导指令,某些程度上限制了制导方法的灵活性。

预测制导的核心是根据预测误差求取制导增量,定义预测误差与制导增量之比为动态控制增益,高超声速飞行器与常规飞行器相比飞行走廊更狭窄,对飞行轨迹跟踪制导精度要求更高。因此，需要研究自主自适应制导方法，以应对飞行模型不确定性带来的轨迹在线自主调整与跟踪，即根据轨迹状态偏差量或导引信息自适应更改方案中的制导参数，并更新制导指令，进而保证飞行器在安全走廊飞行的同时，高精度实现终端状态指标。

与此同时，高超声速飞行器应具备当出现飞行任务变更或意外事件处理的在线任务规划能力，因此，需要研究快速任务规划方法，可根据轨迹跟踪情况、飞行任务变更或存在故障等情况下在线实时优化出满足飞行约束与任务目标的轨迹，并完成制导。

5.3 其他制导方法

传统的标称轨迹制导法对初始条件偏差较为敏感，传统的预测校正制导法计算量大，制导实时性较差。为了克服两种传统制导方法各自的弊端，标称轨迹制导法与预测校正制导法相结合的混合制导方法是一种可行的解决方案。此外，通过分段解析、引入人工智能等思想的制导方法也在蓬勃发展。

5.3.1 解析分段预测校正制导

规划弹载三维再入轨迹的一个主要困难是确保严格满足所有路径轨迹约束。即使在离线轨迹规划中，通常采用的方法也不可避免地需要多次迭代，通常情况下，需要由经验丰富的工程师进行"调整"，以实现流程的融合。从 2003 年起，Lu Ping 等利用可重复使用运载器（RLV）的准平衡滑翔条件，将飞行器再入轨迹划分为 3 个阶段：①初始下降阶段，②准平衡滑翔阶段，③末端能量管理段（TAEM）。许多学者将该思想迁移至高超声速飞行器的制导方法设计中。

解析预测校正制导具有一定的近似简化，推导过程繁琐，对制导精度带来一定影响，但计算速度快，具有较好的鲁棒性。数值预测校正制导方法，一般通过积分预测落点，计算落点与目标点的偏差值，利用迭代方法校正制导指令，具有很强的制导自主性，对不同的任务适应性较好，制导精度高，但是需要使用数值积分方法进行长时间的积分获得预测轨迹，大大降低了制导指令求解效率，暂时无法满足工程应用中在线精确制导需求。因此，通过结合数值预测校正法和解析预测校正法[11]，同时满足制导精度和计算效率的制导方法有待研究。

1. 基准预测校正制导算法

基准预测校正制导算法旨在每个制导周期内求解和更新倾侧角制导指令，一般分为预测环节和校正环节。本节以终端剩余航程偏差作为校正目标函数，给出预测校正制导基本过程。终端剩余航程偏差是倾侧角的隐函数，可记为

$$f(\sigma) = s(E_f) \tag{5.3.1}$$

预测环节即是在每个制导周期给出一个需校正的倾侧角初值 σ,就可以通过某种方式计算预测出终端 E_f 时刻的剩余航程 $s(E_f)$。校正环节较为常见的是应用牛顿法或者割线法进行倾侧角指令迭代更新,本节以割线法为示例给出倾侧角迭代更新过程:

$$\sigma(k+1) = \sigma(k) - \frac{\sigma(k) - \sigma(k-1)}{s(k) - s(k-1)} \cdot s(k) \tag{5.3.2}$$

上述预测校正过程完成后得到倾侧角幅值指令,结合攻角指令剖面,通过运动方程不断积分,即可得到制导周期内飞行器轨迹。

2. 剩余航程解析预测

在传统预测校正制导算法中,一般采用积分预测终端剩余航程误差,进而采用牛顿迭代法或者割线法得到倾侧角指令幅值。每个制导周期均需采用积分预测终端剩余航程误差,在制导过程前期距离目标点远时,此种方法会消耗大量的计算时间,后续校正环节通过不断迭代才能获得倾侧角指令,因此,计算效率不高是预测校正算法在实际飞行器制导应用中亟须改善的不足之一。

剩余航程对于时间的微分为

$$\frac{\mathrm{d}s}{\mathrm{d}t} = -v\cos\gamma \tag{5.3.3}$$

定义伪能量 $E = \frac{\mu}{r} - \frac{v^2}{2}$,将上式转化为

$$\frac{\mathrm{d}s}{\mathrm{d}E} = -V\cos\gamma \cdot \frac{m}{Dv} = -\frac{m\cos\gamma}{D} \tag{5.3.4}$$

根据阻力和升力之间的关系可得

$$D = \frac{L}{C_L} \cdot C_D = \frac{L}{\eta} \tag{5.3.5}$$

式中: η 为升阻比。由 QEGC 条件可知升力能够转化为

$$L = m\left(g - \frac{v^2}{r}\right) \cdot \frac{\cos\gamma}{\cos\sigma} \tag{5.3.6}$$

进而,可将式(5.3.4)转化为

$$\begin{aligned}\frac{\mathrm{d}s}{\mathrm{d}E} &= \frac{-m\cos\gamma}{m\left(g - \frac{v^2}{r}\right) \cdot \frac{\cos\gamma}{\cos\sigma} \cdot \frac{C_D}{C_L}} \\ &= -\frac{\eta r \cdot \cos\sigma}{gr - v^2} = -\frac{\eta r \cdot \cos\sigma}{\frac{\mu}{r^2}r - \left(\frac{2\mu}{r} - 2E\right)} = \frac{\eta r \cdot \cos\sigma}{\frac{\mu}{r} - 2E}\end{aligned} \tag{5.3.7}$$

再入飞行过程中地心距 r 的变化几乎可以忽略,假设升阻比变化也可忽略。则以当前倾侧角预测终端剩余航程可得

$$s_p(E_f) = s(E_c) + \int_{E_c}^{E_f} -\frac{\eta r \cdot \cos\sigma}{2E - \mu/r} dE$$

$$= s(E_c) - \frac{\eta r \cos\sigma}{2} \cdot \ln\left(\frac{2E_f - \mu/r}{2E_c - \mu/r}\right) \quad (5.3.8)$$

式中:$s(E_c)$ 为当前时刻剩余航程;$s_p(E_f)$ 为当前预测落点和期望目标点之间的距离即预测剩余航程。由式(5.3.8)可知给出倾侧角即可解析预测剩余航程误差,在再入飞行前期距离目标点较远时,相较于积分预测终端剩余航程,大大提高了计算效率,方便后续制导指令校正环节的迭代。

3. 目标函数分段设计

制导指令校正环节通常会采用割线法或者牛顿迭代法求解倾侧角,传统的积分预测剩余航程的方法,虽然精度较高,但是耗时较长,极大影响预测校正制导算法效率,本章提出解析得到终端剩余航程的方法,能够克服这一问题,但是在推导过程中,假设近似条件不可避免地会影响实际的精度。分析再入飞行制导过程可知:当 HGV 逐渐靠近目标点时,式(5.3.8)解析预测剩余航程会带来一定的预测偏差,并且飞行器倾侧角在此阶段频繁翻转,对控制系统造成较大的压力;随着距离目标点越来越近,积分预测剩余航程的计算时间消耗越来越短,且可以满足在线制导需求。因此本节将校正环节的目标函数设置为

$$f = \begin{cases} s_{pf}, & e < e_s \\ s_f, & e \geq e_s \end{cases} \quad (5.3.9)$$

式中:s_{pf} 为解析预测的终端剩余航程;s_f 为积分预测的落点后计算得到的剩余航程;e_s 为本节设置的一个目标函数分段切换阈值。

4. 倾侧角制导指令分段求解

以 e_s 作为阈值,分段求解倾侧角制导指令。当 $e < e_s$ 时,飞行器相距目标点较远,此阶段割线法求解倾侧角指令如下:

$$\sigma_c(k+1) = \sigma_c(k) - \frac{\sigma_c(k) - \sigma_c(k-1)}{s_p(k) - s_p(k-1)} \cdot s_p(k) \quad (5.3.10)$$

式中:σ_c 为新迭代的倾侧角指令;s_p 为预测得到的剩余航程。当 $e > e_s$,飞行器逐渐接近目标点时,直接采用解析方法得到的倾侧角作为制导指令,因此直接采用解析方法得到倾侧角指令幅值。

5. 倾侧角符号确定

获得倾侧角幅值后,一般采用航向角偏差走廊确定倾侧角符号,设计航向角偏

差走廊如下：

$$|\Delta\psi_{\text{th}}| = \begin{cases} 10, & 6000 < v \leq v_0 \\ 15, & 3000 < v \leq 6000 \\ \dfrac{7}{1200}(v-3000)+15, & 1800 < v \leq 3000 \\ 8, & v \leq v_f \end{cases} \quad (5.3.11)$$

式中：$|\Delta\psi_{\text{th}}|$ 为航向角偏差走廊的边界值，当飞行器当前时刻位置航向角偏差超出偏差走廊边界时，倾侧角反号，在走廊内时，倾侧角保持上一时刻符号。在第 i 个制导周期中，飞行器倾侧角符号可由下式确定：

$$\text{sgn}(\sigma^i) = \begin{cases} -1, & \Delta\psi \geq |\Delta\psi_{\text{th}}(v)| \\ \text{sgn}(\sigma^{i-1}), & \Delta\psi \in (-|\Delta\psi_{\text{th}}(v)|, |\Delta\psi_{\text{th}}(v)|) \\ 1, & \Delta\psi \leq -|\Delta\psi_{\text{th}}(v)| \end{cases} \quad (5.3.12)$$

式中：$\Delta\psi$ 为当前时刻航向角与飞行器目标视线角的偏差，即有

$$\Delta\psi = \psi - \psi_{\text{LOS}} \quad (5.3.13)$$

飞行器目标视线角与当前位置和目标点位置之间存在如下关系：

$$\tan\psi_{\text{LOS}} = \frac{\sin(\theta_f - \theta)}{\cos\phi\tan\phi_f - \sin\phi\cos(\theta_f - \theta)} \quad (5.3.14)$$

当前制导周期求解的倾侧角指令的完整形式为

$$\sigma = |\sigma_c| \cdot \text{sgn}(\sigma) \quad (5.3.15)$$

为了进一步提高本节算法的计算效率，当在制导过程初期时，飞行器距离目标点较远，可采用较大的制导周期，减少制导指令的求解次数；当飞行器足够靠近目标点时，采用较小的制导周期，使得飞行器通过不断调整制导指令，精确导引至目标点，本节根据前期仿真实验积累，采用如下制导周期调整策略：

$$\Delta T_{\text{guide}} = \begin{cases} 200 - 20 k_{\text{guide}}, & k_{\text{guide}} < 10 \\ 10, & k_{\text{guide}} \geq 10 \end{cases} \quad (5.3.16)$$

式中：ΔT_{guide} 为当前制导周期长度；k_{guide} 为本次飞行过程中第 k_{guide} 个制导周期。

至此，给出了完整的分段解析预测校正制导算法，其总体流程如图 5.5 所示。

6. 仿真结果

本节实验设置如表 5.1 所列，初始条件设置为高度 60km，经度 100°，纬度 50°，速度 5500m/s，航向角 0°，路径约束上限设为动压 200kPa、热流率 1200kW/m²、过载不超过 5 倍重力加速度。

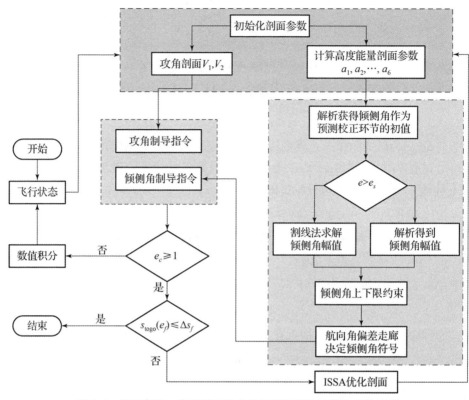

图 5.5　基于高度-能量剖面的分段解析预测校正算法总体流程

表 5.1　仿真场景设置

任务	终端速度/(m/s)	终端经度/(°)	终端纬度/(°)	航迹角/(°)	
				初始值	终端值
1	900	135	70	−1.5	0
2	900	135	75	−1.0	0
3	900	140	75	−0.5	0.02
4	1000	135	70	−1.5	0
5	1000	135	75	−1.0	0
6	1000	140	75	−0.5	0.02
7	1100	135	70	−1.5	0
8	1100	135	75	−1.0	0
9	1100	140	75	−0.5	0.02

仿真结果及 4 个设计参数如表 5.2 所列。利用所提出的倾侧角解析算法计算得到 9 个任务的终端剩余航程接近于零,最大终端剩余航程为 1.16km,表明分段解析预测校正方法能够以较高精度将飞行器引导至目标点。图 5.6 和图 5.7 分别给出了高度和速度的变化情况,高度和速度的终端约束可以自然满足,误差为零,与解析推导一致。同理,航迹角可以自动满足终端约束,如图 5.9 所示。

表 5.2 仿真设计参数

任务	终端剩余航程/km	设计参数值			
		v_1/(m/s)	v_2/(m/s)	h_1/m	h_2/m
1	0.30	4250.23	1824.22	48740.43	33350.57
2	0.17	4029.67	1936.93	49319.88	33512.55
3	0.32	4240.36	1592.47	47011.12	32080.35
4	0.58	4267.07	1925.49	48832.55	33832.55
5	0.42	4187.19	3183.81	47042.05	34834.53
6	1.08	4162.39	1638.83	47448.63	32427.98
7	1.16	4892.35	1637.27	48460.11	33351.87
8	0.38	4374.10	1860.62	46674.35	38092.69
9	0.65	4689.92	1574.97	47521.66	31927.24

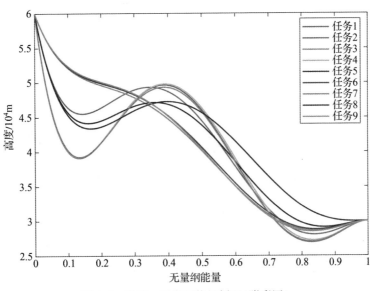

图 5.6 高度 – 无量纲能量剖面(附彩图)

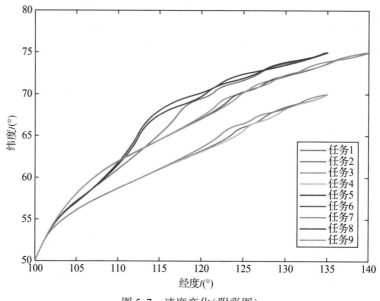

图 5.7　速度变化(附彩图)

图 5.8 给出了 9 次任务的经纬度变化情况。攻角剖面和倾侧角剖面分别如图 5.10 和图 5.11 所示。攻角剖面具有明显的分段函数特征,与预先设计的变化一致。图 5.11 展现了本节方法得到的倾侧角剖面有时会翻转,当航向角偏差阈值被打破时,倾侧角符号会发生改变,旨在消除航向角误差,使得飞行器精确地导引至目标点。图 5.12 展示了本节算法能够很好地满足路径约束。

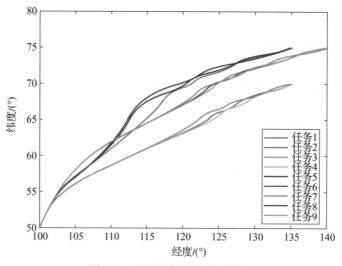

图 5.8　经度纬度变化(附彩图)

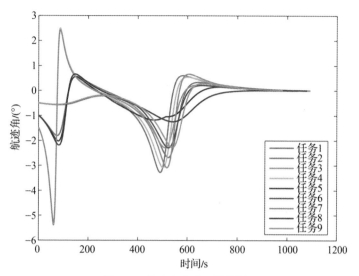

图 5.9 航迹角变化(附彩图)

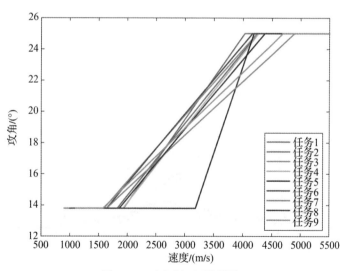

图 5.10 攻角剖面(附彩图)

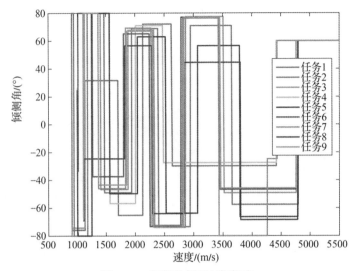

图 5.11　倾侧角剖面(附彩图)

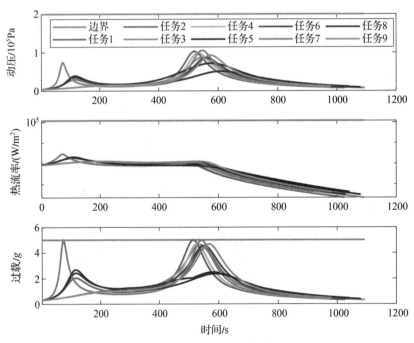

图 5.12　路径约束变化(附彩图)

综上所述,在解析分段预测校正制导方法得到控制剖面的引导下,高超声速滑翔飞行器能够满足终端约束和路径约束,获得精确且安全的轨迹。

5.3.2 基于人工智能的制导

近年来,人工智能(artificial intelligence,AI)技术的突破性发展为高超声速滑翔飞行器再入制导技术的研究提供了新的技术途径,已成为学术界和工业界的研究热点。人工智能的核心目标是让机器在复杂、不确定、多变化场景下具备类似于人类的感知、决策和行动等能力。机器学习(machine learning)技术是支撑人工智能发展的核心技术,机器学习主要包括监督学习(supervised learning)、无监督学习(unsupervised learning)和强化学习(reinforcement learning)。尤其是以深度学习和强化学习为代表的智能技术,包括经典的深度学习模型如AlexNet、VGG、ResNet、SSD、YOLO等,以及经典的强化学习算法如DQN、DDPG、PPO、SAC等,其具备网络映射能力强、学习速度快、在与环境交互"试错"中学习等能力,已经广泛应用于目标检测与识别、自然语言处理、文本处理、智能机器人等领域,其表现出的卓越性能已经超出人类的想象。基于人工智能的飞行器制导控制技术研究尚处于起步阶段。

1. 深度学习制导

神经网络是人工智能的一个重要分支,具有在多维空间内近似任意非线性映射的能力,可以处理复杂非线性、时变和不确定问题。由于易于实现和计算速度快的优点,利用神经网络拟合从飞行状态到制导指令的非线性映射成为学者们关注的问题。利用深度学习制导[12-13]的基本流程如图5.13所示。

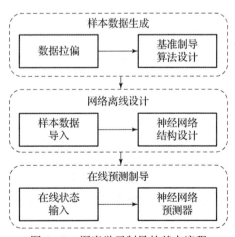

图5.13 深度学习制导的基本流程

1) 基准预测校正制导算法

定义能量 $e = 1/r - v^2/2$,设 $\boldsymbol{x} = (r,\theta,\phi,\gamma,\psi,s)^{\mathrm{T}}$,则飞行器动力学方程可写为

$$\dot{\boldsymbol{x}} = \frac{\mathrm{d}\boldsymbol{x}}{\mathrm{d}e} = f(\boldsymbol{x},\sigma,e), \boldsymbol{x}_0 = \boldsymbol{x}(e_0) \qquad (5.3.17)$$

式中：s 为预测剩余飞行航程；$x(e_0)$ 为当前飞行器状态。

倾侧角剖面设计为

$$|\sigma(e)| = \sigma_0 + \frac{e-e_0}{e_f-e_0}(\sigma_f - \sigma_0) \tag{5.3.18}$$

式中：σ_f 为规定常数；e_f 为终端能量。倾侧角的符号将根据倾斜反转逻辑，当飞行器航向角偏差超出航向角走廊时，倾侧角符号反转。

在预测校正制导算法中，在式(5.3.18)定义的倾侧角剖面下，在每个制导周期内求解合适的 σ 值，使再入轨迹能够安全地将飞行器从当前状态 $x(e_0)$ 引导到最终状态，并满足终端约束 $z(\sigma_0) = s(e_f) - s_f^* = 0$。终端距离误差 $z(\sigma_0)$ 可以看作是 σ_0 的函数。为了提高算法的收敛性能，将终端距离误差替换为

$$f(\sigma_0) = \frac{1}{2}z^2(\sigma_0) = \frac{1}{2}[s(e_f) - s_f^*]^2 \tag{5.3.19}$$

因此，预测校正制导算法的目标是求 σ_0 使式(5.3.19)中的误差函数最小。使用割线法求解 σ_0：

$$\sigma_0^{(k+1)} = \sigma_0^{(k)} - \lambda_k \frac{z(\sigma_0^{(k)})}{z(\sigma_0^{(k)}) - z(\sigma_0^{(k-1)})}(\sigma_0^{(k)} - \sigma_0^{(k-1)}) \tag{5.3.20}$$

2) 基于神经网络的在线预测制导算法

神经网络算法由样本数据生成、网络离线训练和在线预测制导三部分组成，以基准预测校正制导算法为制导模式生成大量样本轨迹数据，利用三层 BP 神经网络预测器实现网络离线训练和飞行器在线精确制导。

不同的扰动项对应不同的飞行状态和不同的进入飞行器制导命令，通过对状态变量引入干扰 $F_i(i=1,2,\cdots,n)$ 形成数据拉偏，基于基准预测校正算法生成样本数据。基于当前制导周期初始状态 $x(e_0)$ 记录飞行器状态 $y(t_k) = (r,v,\gamma,\psi,s)^T$ 和生成的倾侧角剖面解 $\sigma_0^k(t_k)$，并不断迭代生成完整轨迹。考虑初始状态和气动系数的扰动

$$F = \bar{F} + p\delta \tag{5.3.21}$$

式中：$\bar{F} = (h_0, v_0, \gamma_0, \psi_0, C_L, C_D)^T$ 为标称飞行条件下的初始状态和气动系数；$p = (\Delta h_0, \Delta v_0, \Delta \gamma_0, \Delta \psi_0, \Delta C_L, \Delta C_D)^T$ 为干扰幅值；δ 为服从标准正态分布的随机变量，并且对于每个扰动项独立。

神经网络离线训练过程同 4.3.1.2 节中式(4.3.2)和式(4.3.3)。

在形成三层 BP 神经网络预测器的结构后，就可以离线训练神经网络预测器来近似基于样本数据的输入参数和输出参数之间的非线性映射。在每个制导周期中，给定进入飞行器在扰动情况下的当前飞行状态 $y(t)$，训练良好的神经网络预测器可以通过执行简单的数学运算立即生成相应的制导指令 $\sigma^*(t)$，以可接受的

精度将飞行器安全引导到指定的终点,同时满足要求所有必要的状态、路径和控制约束。因此,通过将基准预测校正算法中每个制导周期的轨迹积分替换为离线训练的神经网络预测器,可实现高超声速飞行器的在线精确制导。

2. 强化学习制导

强化学习通过大量数据积累和数据寻优寻找最优策略,最终理论上可以获得一套能够根据当前状态对控制量进行规划决策的网络参数。基于以上思路,许多学者将强化学习算法引入制导方法中[14-16],将再入飞行器制导问题转化,根据具体任务需求设定"抵达目标点""绕过敌方防御区域""到达时间固定"等任务目标,飞行器根据训练后的制导模型所给出的决策信号执行相应的动作,最终抵达目标位置。

当前使用强化学习算法多将强化学习算法与预测校正制导方法相结合,基本流程如图 5.14 所示,纵向制导依然采用基于定攻角剖面的倾侧角迭代方法,而横向制导采用预测校正制导方法确定倾侧角幅值,同时利用强化学习算法来训练横向翻转时机,得到倾侧角符号。通过大量仿真数据训练得到的横向翻转决策器,使飞行器能够根据相对目标点的具体状态对"倾侧角是否需要翻转"进行自主决策。

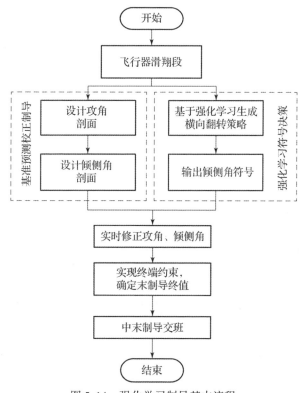

图 5.14 强化学习制导基本流程

参考文献

[1] 胡军,李毛毛. 航天器再入制导方法综述[J]. 航空学报,2021,42(11):16.

[2] 田栢苓,李智禹,吴思元,等. 可重复使用运载器再入轨迹与制导控制方法综述[J]. 航空学报,2020,41(11):26.

[3] 潘亮,谢愈,彭双春,等. 高超声速飞行器滑翔制导方法综述[J]. 国防科技大学学报,2017,39(3):8.

[4] LEAVITT J A,MEASE K D. Feasible Trajectory Generation for Atmospheric Entry Guidance[J]. Journal of Guidance Control and Dynamics,2007,30(2):473-481.

[5] XIONG Z H,CHEN J,LI Q D,et al. Time-Varying LQR on Hypersonic Vehicle Profile-Following[C]. IEEE Annual Conference on Decision and Control,LOS Angeles,2014.

[6] CHEN H T,KUN Z,GUIRAO J L G,et al. Analytical Predictor-corrector Entry Guidance for Hypersonic Gliding Vehicles[J]. International Journal of Nonlinear Sciences and Numerical Simulation,2021,22(7-8):955-971.

[7] XUE S B,LU P. Constrained Predictor-Corrector Entry Guidance[J]. Journal of Guidance,Control,and Dynamics,2010,33(4):1273-1281.

[8] DUKEMAN G. Profile-Following Entry Guidance Using Linear Quadratic Regulator Theory[C]. AIAA Guidance,Navigation,and Control Conference,Monterey,2002.

[9] SHEN Z J. On-board Three-dimensional Constrained Entry Flight Trajectory Generation[D]. Ames:Iowa State University,2002.

[10] SHEN Z J,LU P. On-Board Generation of Three-Dimensional Constrained Entry Trajectories[J]. Journal of Guidance Control and Dynamics,2003,26(1):111-121.

[11] XU H,CAI G B,MU C X,et al. Segmented Predictor-Corrector Reentry Guidance Based on An Analytical Profile[J]. Journal of Zhejiang University-SCIENCE A,2023(1):8.

[12] SI J,BARTO A G,et al. Adaptive Critic Based Neural Network for Control-Constrained Agile Missile[M]. Hoboken:John Wiley & Sons,Inc. 2009.

[13] CHENG L,JIANG F H,WANG Z B,et al. Multiconstrained Real-Time Entry Guidance Using Deep Neural Networks[J]. IEEE Transactions on Aerospace and Electronic Systems,2021,57(1):325-340.

[14] 李天任,杨奔,汪韧,等. 基于Q-Learning算法的再入飞行器制导方法[J]. 战术导弹技术,2019(05):44-49.

[15] ZHU J W,ZHANG H,ZHAO S B,et al. Multi-constrained Intelligent Gliding Guidance via Optimal Control and DQN[J]. Science China:Information Sciences,2023,66:1-13.

[16] LUO Z,LI X S,WANG L X,et al. Multiconstrained Gliding Guidance Based on Optimal and Reinforcement Learning Method[J]. Mathematical Problems in Engineering,2021:1-12.

第6章 复杂禁飞区条件下再入轨迹优化与机动制导

随着预警探测、反导拦截系统的快速发展,高超声速滑翔再入飞行器遂行精确打击任务时,必须考虑各种敌威胁区域,极大影响了 HGV 作战效能发挥。因此,从提升 HGV 战场生存能力和突防能力角度,必须深入开展复杂禁飞区规避再入机动制导技术研究[1-3]。

禁飞区约束通常指遂行任务过程中,飞行器不能穿越的政治敏感区或者敌反导防空威胁区域。常见的 HGV 禁飞区规避再入制导方法包括航向角走廊方法[4-5]和人工势场法[6]。航向角走廊方法一般通过分析当前飞行器与禁飞区几何位置关系,求解得到避让禁飞区的可行航向角范围,当存在多个禁飞区时即形成航向角走廊。航向角走廊方法直观清晰易于理解,一旦找到可行航向角走廊,即可获得一簇可行禁飞区规避飞行轨迹,但不足之处也较为明显:①通常假设禁飞区经纬度平面的投影为圆形,对于其他形状禁飞区的适应性有待于进一步研究;②禁飞区数目增多或者距离较近时,考虑禁飞区规避的航向角可行走廊,范围急剧缩小,航向角走廊易出现空集问题,无法形成航向角有效可行。人工势场法常在机器人运动规划问题的障碍区规避中出现,近年来也在 HGV 禁飞区规避机动制导问题中得到成功应用。在 HGV 制导问题中,通常以禁飞区和目标点为中心构造引力和斥力势函数,禁飞区对空间产生斥力场,目标点对空间产生引力场,计算飞行器在空间中每个状态点的合力,进而引导飞行器避让禁飞区飞向目标点。人工势场法具有灵活精确规避禁飞区的特性,但是,对于不规则形状禁飞区和廊道型禁飞区易出现势函数设计困难,易陷入局部最优的问题,且无法解决动态禁飞区问题,极大地影响飞行器禁飞区规避性能。

借鉴机器人运动规划领域的触角探测方法,Liang 等[7]提出并将双触角法应用至 HGV 再入制导问题中。触角方法是在每个制导周期求解倾侧角制导指令,以倾侧角的最大或最小幅值进行预测一定时长,得到预测点的状态,从当前时刻飞行器状态至预测点的这条预测轨迹,被称作飞行器的"触角",利用触角判别条件,得到符合条件的飞行器轨迹,即获得下一阶段飞行器倾侧角制导指令。双触角方法会使得制导指令在最大值和最小值之间不断调整、翻转、切换,给控制系统带来极大的压力。在此基础上,Gao等[8]提出了一种三触角的制导方法,在倾侧角取最大、最小值的情况下,增加一条0°倾侧角触角,这样能够适应某些极端情况,使得飞行器沿飞行方向直线穿过禁飞区之间的安全区域,进一步提高了触角法在禁飞区规避制导问题中的适应性能,在此基础上,高杨等[6]对动态禁飞区的规避问题进行了进一步的探讨。随着未来飞行器任务需求的日益复杂,禁飞区约束日渐多样,需要提出一种通用的适应不同形状、不同数量、不同运动类型禁飞区的规避制导方法。基于触角法的禁飞区规避策略原理简单,对于禁飞区形状、数量、运动状态要求较少,具有成为通用HGV禁飞区规避再入制导方法的潜力。但是,现有在HGV制导问题中应用的触角法仍存在如下问题:①需要提前设计参考轨迹和跟踪策略;②获得制导指令的过程中热流率、动压、过载等硬性约束满足情况需依赖参考轨迹;③触角法采用固定倾侧角预测触角末端状态,指令选择范围有限,无法展现HGV再入飞行过程中机动灵活性能。

6.1 复杂禁飞区再入轨迹优化问题建模

禁飞区(no-fly zone,NFZ)约束模型建立需要尽可能地适用于多种不同禁飞区情况,因此,在考虑禁飞区边界的时候,不考虑禁飞区高度的影响,将所有的禁飞区模型建立为柱状体,其横截面可以是不同的形状,如图6.1中的类型1的禁飞区,禁飞区的经纬度横截面随着高度不断变化。然而,针对本来就是柱状体的禁飞区,自飞行器开始再入到终点的过程中,这种禁飞区在经纬度平面中的形状是不变的,如图6.1所示的禁飞区,这种禁飞区在经纬度平面的禁飞区示意图如图6.2所示。因此,在高超声速滑翔飞行器再入过程中,禁飞区约束可能存在比较复杂的多变的情况,尤其是在飞行器已经离线飞行的情况下,这种禁飞区建模过程对于机动制导方案的求解有着重要意义。为了简化再入机动制导阶段的禁飞区模型构建过程,将所有禁飞区均考虑为柱状体禁飞区,则在再入机动制导过程的某一时刻考虑所有的禁飞区时,均可以将禁飞区模型投影在图中的经纬度平面上进行计算,将三维的禁飞区约束简化为二维平面的禁飞区约束问题[9]。

第6章 复杂禁飞区条件下再入轨迹优化与机动制导

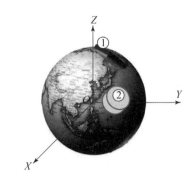

图 6.1 圆柱体禁飞区空间示意图

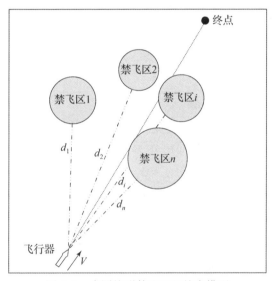

图 6.2 多圆柱形禁飞区经纬度模型

在实际飞行中禁飞区的形状是多样的,有时很难用解析式来表示,这种情况下,采用多个小型圆柱形禁飞区组合的方式表示大型不规则禁飞区是比较方便的做法。将圆柱形禁飞区约束简化为在经纬度上的二维约束,针对 n 个圆柱形禁飞区中的第 $i(i=1,2,\cdots,n)$ 个禁飞区,令禁飞区的中心经纬度坐标为 (θ_i,ϕ_i),半径为 R_i,其在经纬度上的禁飞区边界表示为[8]

$$(\theta-\theta_i)^2+(\phi-\phi_i)^2=R_i^2 \tag{6.1.1}$$

式中:飞行器与各禁飞区中心之间的距离定义为 $\{d_1,d_2,\cdots,d_n\}$,如图 6.2 所示,当 $d_i \leqslant R_i(i=1,2,\cdots,n)$ 时,飞行器被判定进入第 i 个禁飞区,飞行任务失败。在未知禁飞区具体形状的情况下,飞行器只能探测到禁飞区的边界[10]。

6.2 典型的禁飞区轨迹优化与机动制导求解算法

6.2.1 航向角走廊法

传统的横向制导方法采用基于航向角走廊的横向制导逻辑确定倾侧角的符号,进而控制飞行器的横向运动,导引飞行器飞向目标点。传统航向角走廊示意图如图6.3所示。

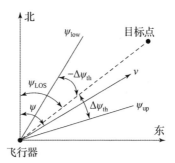

图6.3 传统航向角走廊示意图

由图可知,传统航向角走廊的上、下界为

$$\begin{cases} \psi_{\text{low}} = \psi_{\text{LOS}} - \Delta\psi_{\text{th}} \\ \psi_{\text{up}} = \psi_{\text{LOS}} + \Delta\psi_{\text{th}} \end{cases} \quad (6.2.1)$$

式中:ψ_{LOS}为飞行器相对目标点的视线角;$\Delta\psi_{\text{th}}$为航向角偏差允许值,通常可设计为与θ有关的函数。飞行器视线角ψ_{LOS}计算如下:

$$\psi_{\text{LOS}} = \arctan\left[\frac{\sin(\theta_f - \theta)}{\cos\phi\tan\phi_f - \sin\phi\cos(\theta_f - \theta)}\right] \quad (6.2.2)$$

通过式(6.2.1)与式(6.2.2)即可得到不考虑航路点和禁飞区限制的HGV再入飞行航向角走廊。进而,通过时刻判断飞行器航向角偏差是否超过航向角走廊上下界,通过倾侧角翻转策略动态调整倾侧角符号,使得飞行器不断调整航向,直至到达指定目标区域。倾侧角翻转策略表示如下:

$$\text{sgn}(\sigma^n) = \begin{cases} -1, & \psi \geqslant \psi_{\text{up}} \\ \text{sgn}(\sigma^{n-1}), & \psi_{\text{low}} < \psi < \psi_{\text{up}} \\ 1, & \psi \leqslant \psi_{\text{low}} \end{cases} \quad (6.2.3)$$

式中:$\text{sgn}(\sigma^n)$为第n个制导周期内倾侧角符号。考虑禁飞区规避问题时,可区分单个禁飞区和多个禁飞区。将航向角走廊应用到单个禁飞区时,如图6.4、图6.5所示。

第6章 复杂禁飞区条件下再入轨迹优化与机动制导

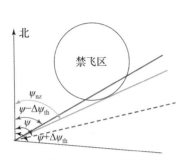

图 6.4 单个禁飞区航向左侧示意图

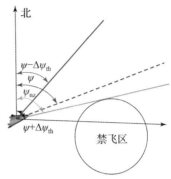

图 6.5 单个禁飞区航向右侧示意图

图 6.4 展现了飞行过程中遇到单个禁飞区在航向左侧情形,则此时可得允许飞行器通过的航向走廊为

$$\begin{cases} \psi_{\text{low}} = \psi_{\text{nz}} \\ \psi_{\text{up}} = \psi + \Delta\psi_{\text{th}} \end{cases} \tag{6.2.4}$$

图 6.5 展现了飞行过程中遇到单个禁飞区在航向右侧情形,同理,可得允许飞行器通过的航向走廊为

$$\begin{cases} \psi_{\text{low}} = \psi - \Delta\psi_{\text{th}} \\ \psi_{\text{up}} = \psi_{\text{nz}} \end{cases} \tag{6.2.5}$$

随着禁飞区数量的增多,航向角走廊的选取变得更加复杂,考虑遇到两个禁飞区情形时如图 6.6 所示。可得允许飞行器通过的航向走廊为

$$\begin{cases} \psi_{\text{low}} = \psi_{\text{nz1}} \\ \psi_{\text{up}} = \psi_{\text{nz2}} \end{cases} \tag{6.2.6}$$

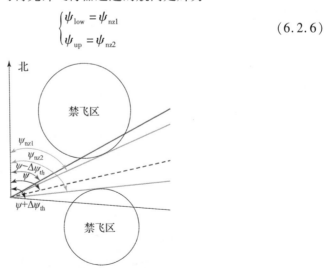

图 6.6 两个禁飞区航向角走廊示意图

139

实际飞行过程中,遇到两个禁飞区也会出现无法选取合适航向走廊的情形如图 6.7 所示。显然易得,当禁飞区数量远远超过 2 个时,无法选取合适航向角走廊的情形会出现更多,因此,航向角走廊在禁飞区规避制导问题中具有一定的局限性,难以适应禁飞区数量急剧增多的情形。

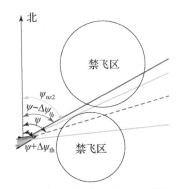

图 6.7　航向角走廊无法选取示意图

6.2.2　人工势场法

人工势场法具有数学描述简单、计算效率高、适应性强等优势,现阶段已在机器人避障领域得到了广泛应用[11-14]。大量仿真实验表明,该方法非常适用于求解未知环境下对避障实时性要求较高的避障问题。

人工势场法一般是需要构建人工虚拟势场,包含引力场(attractive potential field,APF)和斥力场(repulsive potential field,RPF)。目标点对飞行器产生的引力场可以通过引力函数构建,禁飞区对飞行器产生的斥力场,二者叠加可得到飞行区间内每点的合力,并以此来控制飞行器运动。在实际应用过程中,可以采用多种方法构建引力势场或斥力势场,下面给出一种通过计算自由空间中每一个点到期望终点或者禁飞区中心距离来构造势场的方法。

构建引力势场函数如下:

$$F_a(\theta,\phi) = \varepsilon[(\theta_f - \theta)^2 + (\phi_f - \phi)^2] \quad (6.2.7)$$

式中:$F_a(\theta,\phi)$为飞行器当前位置相对终点的引力势场。上式的构造可知,飞行器距离终点越远,其引力越大。类似地,我们构造相对某个禁飞区的斥力函数如下:

$$F_r(\theta,\phi) = \begin{cases} \eta\left(\dfrac{1}{\rho(\theta,\phi)} - \dfrac{1}{R_n}\right), & \rho(\theta,\phi) \leq R_n \\ 0, & \rho(\theta,\phi) > R_n \end{cases} \quad (6.2.8)$$

式中:$\rho(\theta,\phi)$为计算当前位置与禁飞区中心的距离;R_n为距离阈值,一般区比禁飞区半径稍大,确保飞行器在飞行过程中与禁飞区保持安全距离;η 为缩放因子。上式构造可知,飞行器至禁飞区中心距离大于 R_n 时不产生斥力。

采用式(6.2.7)和式(6.2.8)生成引力势场和斥力势场之后,只要将两个势场进行简单的叠加组合即可得到最终的人工势场,分析可知采用上述方式构建的人工势场,目标点总是处于人工势场中势能最低的地方。随着禁飞区约束的复杂程度增加,势场函数的效果会急剧下降。如禁飞区数量的增多,会导致空间中出现势能相近的点变多,禁飞区形状发生变化,势场函数的设计会变得异常复杂,这些因素均会导致人工势场法规避禁飞区的效果变差。

6.2.3 虚拟触角探测法

梁子璇等借鉴了在机器人路径规划问题中得到成功应用的触角探测机制,提出了基于双触角探测的 HGV 禁飞区规避机动制导方法。通过利用倾侧角幅值的上下限,在飞行过程中生成左右两条虚拟的触角,探测前方威胁态势,进行禁飞区机动规避。基于虚拟触角探测的禁飞区机动规避方法主要分为触角生成、触角探测反馈和倾侧角符号确定[7-9,15]。

触角生成部分仅考虑侧向方向上的机动,主要是通过固定倾侧角幅值,积分一定的步长时间得到预测触角的末端状态。飞行器任务是到达目标区域,因此触角生成需要指向目标方向延伸且不能无限延伸下去,因此,触角生成需要设置停止条件,文献[7]中设置了最大飞行时间、进入禁飞区和航向角偏差超过 90°三个停止条件,一旦触角生成过程中满足此类条件,需当即停止该条触角探测过程。

触角探测禁飞区威胁情况除了触角末端状态的信息外,还可以反馈的两个关键信息:触碰时间和规避调整时间。顾名思义,触碰时间为飞行器延伸出触角起至触碰到禁飞区边界止的时长,若两条触角均未触碰到禁飞区边界,则以超过最大飞行时间或航向角偏差超过 90°为终止条件,计算触碰时间长度。规避调整时间是指预测飞行器保持从当前时刻始到两条触角都触碰到禁飞区边界的时间,可知,两条触角均进入禁飞区内部时,飞行器即无法规避禁飞区,应尽量避免此类情况,留足规避调整的时间。

充分利用 3 个触角生成停止条件和触碰时间、规避调整时间等两个关键信息,结合航向角偏差走廊,可确定倾侧角符号及翻转时机。这样就可获得倾侧角指令,但此种决策倾侧角符号的方法需综合较多的条件信息,不易理解。双触角法生成触角时均选在倾侧角极值附近,在接近目标时翻转频率会增大。

6.3 双模式多触角探测的复杂禁飞区规避机动制导

6.3.1 基于触角探测的飞行空域探测

触角探测是解决制导问题较为高效的方法,其种类繁多。每种触角探测的区别在于其采用的触角数量设置以及触角信息采集。触角探测在飞行器机动制导领域有较多应用,本节对触角探测的原理进行介绍,分析双触角探测与三触角探测方法性能,采用三触角探测的倾侧角瞬变机动制导方法研究静态禁飞区规避问题。

6.3.1.1 触角预测动力学方程建模

在机动制导过程中,制导算法分为纵向和横向两个制导方法,纵向平面跟踪方法通过线性二次调节器(linear quadratic regulator,LQR)实现,即

$$\begin{pmatrix} \Delta \alpha \\ \Delta \sigma \end{pmatrix} = K(s) \begin{pmatrix} \Delta r \\ \Delta V \\ \Delta \gamma \end{pmatrix} \qquad (6.3.1)$$

式中:$\Delta \alpha$ 和 $\Delta \sigma$ 分别为攻角和倾侧角的调整量;Δr、ΔV、$\Delta \gamma$ 分别为实际轨迹与标称轨迹的地心距、速度和航迹角差值,因为是纵向平面的轨迹跟踪,所以状态量上只选择了这三个关系密切的变量。

横向制导方法是一种倾侧角符号转换方法,它与纵向制导策略同时进行,横向制导策略的周期一般大于纵向制导策略周期,使倾侧角在飞行器纵向制导的跟踪过程中保持不变,即

$$\Delta T_{\text{Lat}} = k \Delta T \qquad (6.3.2)$$

式中:ΔT_{Lat} 与 ΔT 分别为横向和纵向制导策略的计算周期;k 取整数,k 值越大,横向机动策略计算的次数就越少,总机动策略计算的平均时间就越少,k 值越小,对禁飞区的探测效果越好。本节中两个计算周期都取 1s。

在高超声速滑翔飞行器机动制导的过程中,只有最开始解算出的标称轨迹是已知的,而前方飞行通道的实时禁飞状况由于不能提前探知,需要飞行器采取预测校正的制导方法进行探测。本节介绍的基于"触角"的方法需要对前方发出 3 个触角来预测轨迹的飞行状态。这种预测轨迹是由计算机根据飞行器的动力学方程积分产生的,其中积分的步长越小,积分产生的预测路径越符合实际轨迹。而高超声速滑翔飞行器动力学方程较为复杂,预测轨迹的积分速度较慢,因而产生的预测轨迹越少越好。在文献中,每一个预测周期产生两条"触角"轨迹线,极大地缩减了计算量,但是缺少了直线前进的"触角"预测轨迹线,导致在可以无机动地直线飞行时,采取了左右摆动的复杂制导策略,倾侧角正负瞬变对控制系统造成的压力

也较大。

本节采取的是前向"触角"与左右两侧"触角"结合的三"触角"预测方式,如图6.8所示,当飞行器在前向触角遇到禁飞区时,即飞行段 OA 段,采取三触角与双触角的反馈结果是基本相同的,飞行器只能在两侧的触角中选择其中的较优路线进行机动。当飞行器在前向触角没有遇到禁飞区而停止时,即飞行段 AB 段,飞行器需要判断前向触角和另外两侧触角的反馈信息,如果如文献[3]中提到的方法,在类似 A 点的飞行状态时,由于左右触角给出的反馈信息的实时变化,飞行器会进行左右摇摆的机动,直到因为航向角约束的逐渐减小而最后使轨迹逼近终点;而采取类似于 B 点的三触角探测策略,飞行器的前向触角在 AB 段没有禁飞区约束,因而触角的末端更贴近终点,飞行器在经过短暂的左右机动调整后可以沿直线飞行到终点。左右两侧触角预测轨迹的倾侧角符号一正一负,数值上使用飞行器的最大倾侧角度数。如果使用度数较小的倾侧角进行两侧轨迹的预测,大多时候会因为机动角度过小而无法使飞行器规避禁飞区;如果在原有三条"触角"的基础上,再加两条小角度的预测线,会增加计算的时间,为横向制导策略的选择增加困难,同时因为高超声速滑翔飞行器高灵敏的特性而增加控制的难度。

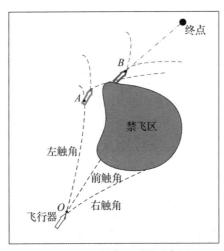

图6.8 三"触角"预测示意图

飞行器每一个预测周期的三个"触角"的起点是相同的,它们都以飞行器当前时刻仿真积分一个时间步长的状态为预测起点,当预测结束并且获得相应的控制指令后,飞行器也刚刚飞至下一时刻,由于积分时间步长固定且较小,预测起点与实际状态误差较小。

6.3.1.2 触角预测的停止条件

三个"触角"的终止条件如下:

C1：积分时间超过了理论上飞行的最大任务时间，本节采取的最大任务时间是3000s；

C2："触角"的末端触碰到了禁飞区的边缘或者因为积分步长的原因进入了禁飞区；

C3：预测轨迹线上的航向角超出了该速度所对应的最大航向角约束；

C4：预测轨迹顺利到达终点位置；

其中，前三个条件属于禁忌类条件，飞行器应避免飞行到这三类触角的终点，第四个终止条件属于允许类条件，飞行器应优先选择这样终止的触角制导飞行。禁飞区终止条件是禁忌条件中禁忌程度最高的，而时间终止条件的成立概率较小。

6.3.2 基于三触角探测反馈的倾侧角瞬变禁飞区规避机动制导

6.3.2.1 触角停止优先级评估原则

文献[7]提到的倾侧角逆变策略是一种确定倾侧角符号的方法，倾侧角的绝对值是基本不变的，其中文献[7]在这一基础上根据LQR方法其倾侧角的数值进行了微调，但都属于倾侧角逆变策略，即在机动时将飞行器的倾侧角符号翻转，改变飞行器的空气动力方向。本节将倾侧角归零这一选择加入到倾侧角的瞬变策略中，使得飞行器能够在不需要机动的时候选择前向飞行，或者在倾侧角进行正负转换时，作为稳定控制系统的过渡状态，因此飞行器的倾侧角度数有3种可能，即

$$\sigma = \mathrm{sgn}(\sigma) \cdot \sigma_{\max}, \mathrm{sgn}(\sigma) \in \{-1, 0, 1\} \quad (6.3.3)$$

式中：$\sigma_{\max}$为倾侧角最大值，左右触角分别对应符号函数$\mathrm{sgn}(\sigma)$的-1与1。符号函数$\mathrm{sgn}(\sigma)$的赋值由触角反馈的总优先级K决定。总优先级K由终止条件优先级K_a和触角终止点与终点的距离优先级K_b共同决定。

因此，每一个触角的总优先级如下式所示：

$$K_i = -K_a \cdot K_b, \quad i = \mathrm{Left}, \mathrm{Mid}, \mathrm{Right} \quad (6.3.4)$$

其中，K_b根据触角终止位置的经纬度坐标与飞行路径终点经纬度坐标的距离排序，距离越小，该触角的终止位置越靠近终点，该触角越应该被选择，即根据这一距离的远、中、近三个等级，K_b分别赋值为$\{1.1, 1.0, 0.9\}$。式中K_i的优先级越大，代表该触角更应该被选择作为下一个时刻的制导指令，即

$$\mathrm{sgn}(\sigma) = \begin{cases} -1, & K_{\mathrm{Left}} = \max(K_i) \\ 0, & K_{\mathrm{Mid}} = \max(K_i) \\ 1, & K_{\mathrm{Right}} = \max(K_i) \end{cases} \quad (6.3.5)$$

6.3.2.2 倾侧角延时滤波计数器

在初步确定了第i个预测周期的倾侧角σ_i后，为了避免经过此过程产生的倾

侧角在一段时间内产生高频率的震荡或者不必要的左右摇摆,加入延时滤波器如下[12]:

$$A_c = [\sigma_{i-T}, \sigma_{i-T+1}, \cdots, \sigma_i], T+1 \leq i \leq t_{\max} \quad (6.3.6)$$

$$\sigma_r = \begin{cases} -\sigma_{\max}, & \sum A_c \leq -k_\sigma \sigma_{\max} \\ \sigma_{\max}, & \sum A_c \geq k_\sigma \sigma_{\max} \\ 0, & 其他 \end{cases} \quad (6.3.7)$$

式中:T 为延时滤波器的时间常数,T 选取的值过大会导致飞行器无法及时机动制导并规避约束;σ_r 为第 i 时刻最终输出的倾侧角值,滤波器以及三触角模式的开始时刻是第 $T+1$ 时刻,式(6.3.7)中的 k_σ 是 T 的 1/3。

基于三触角的机动制导方法流程如图 6.9 所示:

(1)设定不同的静态禁飞区模型,在没有禁飞区点的条件下,计算出指定任务的标称轨迹,并计算出该任务条件下的航向角约束数值模型。

(2)在给定的标称轨迹的基础上,进队速度、高度、航迹角三个参量进行基于 LQR 方法的轨迹跟踪制导,并实时向左、前、右释放三个触角进行信息探测反馈。

(3)判定触角因为什么类型的原因而停止,并分别计算触角停止的停止条件优先级和终端信息优先级。

(4)根据优先级选择具体的倾侧角预选方向并输入给延时计数滤波器。

(5)在延时计数滤波器中对输入的倾侧角指令信号进行滤波,防止倾侧角指令震动。

(6)进行过以上步骤后,返回步骤(2)。直到飞行器规避不同的静态禁飞区到达终点。

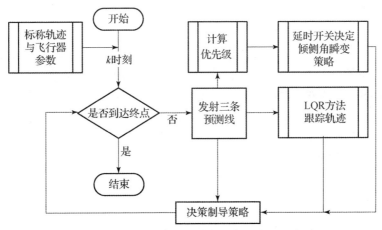

图 6.9 基于三触角的机动制导方法流程示意图

6.3.2.3 仿真结果与分析

为验证基于三触角的倾侧角瞬变再入机动制导方法的有效性,在通过GPOPS-Ⅱ工具包得到标称轨迹的基础上,一方面在多圆柱形禁飞区的约束条件下进行机动制导实验,另一方面在4种具有代表性的静态禁飞区约束条件下进行机动制导实验。

1. 多禁飞区约束机动制导仿真实验

设置了11个半径为1°的小型圆柱禁飞区,它们的中心经纬度坐标如表6.1所列,组成了复杂的多圆柱形禁飞区模型。

表6.1 禁飞区经纬度坐标

序号	经度/(°)	纬度/(°)	序号	经度/(°)	纬度/(°)
1	30	-3	7	65	-1.5
2	30	3	8	65	1.5
3	50	-3	9	80	3
4	50	0	10	80	0
5	50	3	11	80	-3
6	40	0			

根据表6.1的禁飞区信息,以高超声速滑行飞行器问题研究领域中常见的CAV[16]和Shuttle[17]飞行器为仿真研究对象,采取两种方法求解并比较仿真结果。一方面是利用GPOPS-Ⅱ工具包求解,该求解方法是在离线状态下进行的,因此使用已知禁飞区具体信息求解,同时倾侧角在最小值与最大值构成的区间内自由取值;另一方面按照图6.9的算法流程图,采取本节的机动制导策略进行在线求解,求解过程只能通过触角的探测,反馈给制导策略禁飞区部分轮廓信息,倾侧角的取值只有最大值、最小值和零。如图6.10(a)、(b)所示,本节方法与基于GPOPS-Ⅱ的方法都可以使两种飞行器顺利规避禁飞区到达终点。同时,如图6.10(c)、(d)所示控制指令图,由于本节方法的倾侧角的选取区间相对简单,路径图中的轨迹相对平滑。图6.10(e)、(f)约束条件变化图显示,基于触角的机动制导策略在规避禁飞区的同时,由于速度和高度严格跟踪标称轨迹,虽然在算法中触角终止条件没有判别是否符合3个经典路径约束条件,机动制导的结果依旧满足约束条件。

第6章 复杂禁飞区条件下再入轨迹优化与机动制导

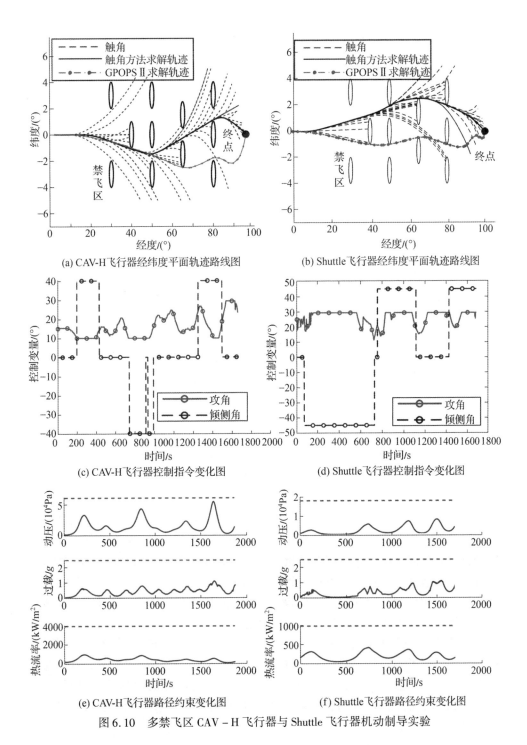

图6.10 多禁飞区 CAV–H 飞行器与 Shuttle 飞行器机动制导实验

如图 6.11 所示,随着再入飞行的过程不断推进,飞行器在每一个探测周期中的计算时间存在下降的趋势。并且,飞行器的计算时间较短,满足机动制导的时间约束要求,只是在再入过程中,由于周围空域的变化,探测时间会有一定的变化,不能保证完全的单调下降趋势。比如在飞行器靠近 11 个圆柱形禁飞区中的一个时,会由于触角较早地触碰到禁飞区而停止,因此会出现探测时间变短的情况,而后又由于飞行器规避了该禁飞区,进入了新的空域,探测的触角变长,探测时间变长。

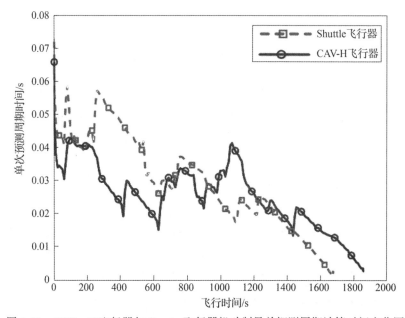

图 6.11　CAV－H 飞行器与 Shuttle 飞行器机动制导单探测周期计算时间变化图

为了验证本节基于三触角的倾侧角瞬变机动制导方法,针对两个飞行器在多禁飞区约束条件下进行鲁棒性仿真实验。采用蒙特卡罗方法,对初始状态中的纬度、航迹角、航向角以及飞行器的质量、面积分别实施($3°$,$3°$,$10°$)和(5%,5%)为标准差的离散,经仿真获得了每个飞行器的 1000 次结果,从图 6.12(a)和(b)中可以看出,虽然有一些仿真路径的机动幅度较大,但是所有仿真轨迹均能顺利规避本节所设计的复杂禁飞区到达各自的标称轨迹终点。

统计每一个仿真实验的单次预测周期计算时间的最大值、最小值、平均值,得到图 6.12(c)和(d),可以看出,本节提出的机动制导策略在预测时最大预测时间不超过 0.25s,而且平均预测时间集中在 0.01s,完全符合机动制导的时间要求。同时,图 6.12(e)与(f)分别展示了仿真中计算得到的热流率、动压和过载最大值均满足约束条件。

第6章 复杂禁飞区条件下再入轨迹优化与机动制导

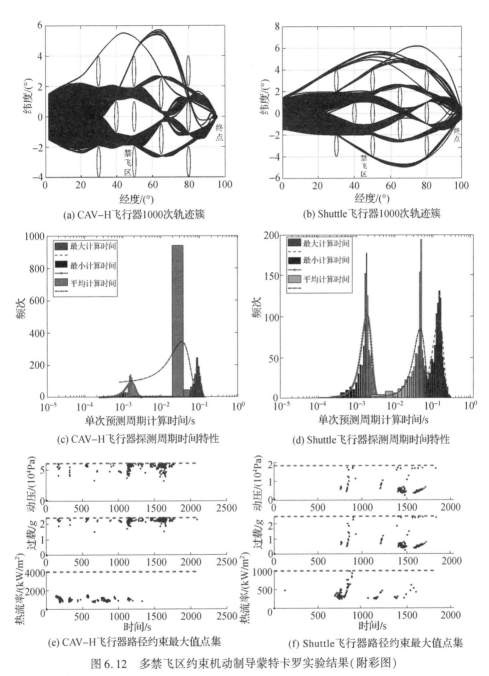

图6.12 多禁飞区约束机动制导蒙特卡罗实验结果(附彩图)

2. CAV-H飞行器4种静态禁飞区条件下机动制导实验

为了检验高超声速滑翔飞行器在面对不同种类的静态禁飞区约束条件的机动

149

制导情况,设计了4种静态禁飞区任务来检验基于三触角探测的倾侧角瞬变机动制导方法:任务1是半径为8°的较大的圆形禁飞区,圆形禁飞区的中心点在(70°,1°)的位置上;任务2是一个在经纬度平面上一个高10°、宽20°的矩形禁飞区;任务3是双长方体禁飞区组成的矩形通道禁飞区,这一禁飞区将飞行器的飞行走廊缩小到了一个较为狭小的矩形通道中;任务4是正弦通道禁飞区,这是一个需要很多机动过程的禁飞区模型,只有一个比较狭小的正弦通道可供飞行器通过。

如图6.13所示,在4种静态禁飞区任务中,采用基于双触角探测的倾侧角逆变的方法产生的机动制导轨迹是用圆圈标记的线,采用GPOPS-Ⅱ工具包在已知禁飞区约束边界的情况下产生的规避路线是用三角标记的线,采用基于三触角的倾侧角瞬变机动制导方法产生的机动制导路线是用方块标记的轨迹线,其中的触角是在机动制导过程中每100s画一次的虚线。飞行器在使用触角探测的方法时,条件中的禁飞区在再入前是未知的,飞行器仅仅通过触角的探测点发现禁飞区的大致位置,而GPOPS-Ⅱ的轨迹优化结果是为了与触角探测的机动制导路线相比较。

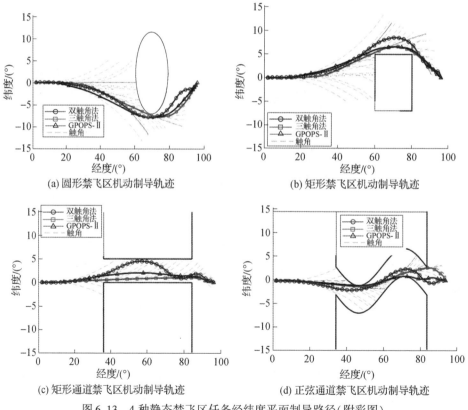

图6.13 4种静态禁飞区任务经纬度平面制导路径(附彩图)

图 6.13(a)中,任务 1 显示了 CAV-H 飞行器规避圆形禁飞区约束飞往终点的过程。在飞行的初始阶段,中间的触角探测到了禁飞区的边界并停止了积分,而其他的触角碰到了其他的约束,尤其是航向角约束,此时两边的触角是轴对称的。当飞行器向前飞行了一段时间后,左边的触角比右边的触角更早触碰到禁飞区,此时机动制导方法选择了右边的触角作为规避方向。然后,在接下来的飞行时间内,左边和中间的触角一直触碰到禁飞区,直到中间的触角避开禁飞区。之后,由于中间触角没有碰到禁飞区的约束,飞行器的 3 个触角会因航向角约束而自行终止,在 3 个终止的触角中,终止条件优先级相同,而左边的触角在末端有较近的终止点,使得飞行器向左机动。最后,在向左短时间飞行后,飞行器将朝向结束区,在没有禁飞区约束的情况下不再进行左右的机动。

如图 6.14 所示,控制指令中的攻角在 10°与 30°之间使用 LQR 方法进行标称轨迹部分状态的跟踪,图中展示了 4 个任务的控制指令变化。在任务 1 到任务 3 中,时间计数滤波器在减少控制指令振荡方面起着重要作用,而任务 4 在制导过程

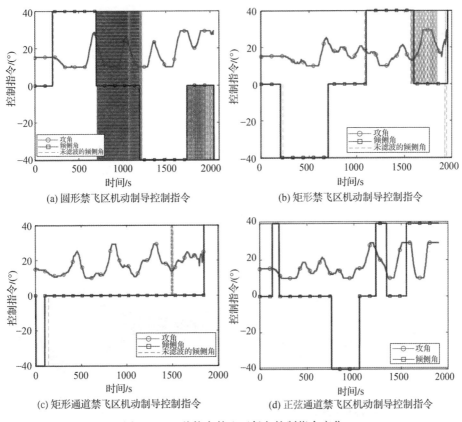

图 6.14　4 种静态禁飞区任务控制指令变化

中不需要该滤波器。在4个任务中,当飞行器前方没有任何禁飞区时,文献[7]中使用的方法会产生更多的倾侧角逆转次数。在当前的研究中,3支触角的优势在任务3中尤为明显。需要注意的是,当3支触角在飞行过程中遇到特别窄的通道,或遇到较大的障碍物超出飞行器的可机动范围时,该制导方法不适用于这些类型的禁飞区。

为了验证基于三触角的倾侧角瞬变制导方法的鲁棒性,考虑将初始条件和一些参数进行离散性。初始状态的离散如表6.2所列,升力系数、阻力系数、大气密度和飞行器质量离散的标准差分别为5%、5%、15%和5%的3倍。利用蒙特卡罗方法对4种静态禁飞区任务在这些离散情况下进行了仿真,每个任务中计算了1000条轨迹。

表6.2 鲁棒性试验飞行始末状态条件

参数	初始条件	离散程度(3σ)	终止条件
高度/km	79	1	30
速度/(m/s)	6800	50	2000
航迹角/(°)	0	0.3	[-90,90]
经度/(°)	0	1	100
纬度/(°)	0	1.5	0
航向角/(°)	90	0.3	[0,180]

4类静态禁飞区任务蒙塔卡罗仿真得到的经纬度轨迹簇如图6.15所示。而且飞行器成功抵达终点,没有触碰到禁飞区。从图6.15可以明显看出,飞行器试图规划从禁飞区边缘到终点的较短飞行轨迹。飞行器在图6.15(b)中选择了矩形禁飞区的右侧,因为飞行器的初始点略偏于矩形禁飞区中轴线的右侧,从右侧机动制导更适合避开禁飞区。

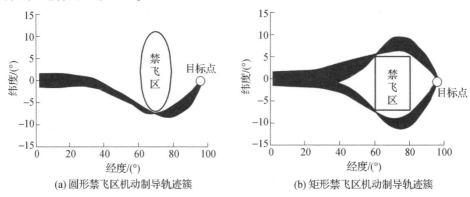

(a) 圆形禁飞区机动制导轨迹簇　　(b) 矩形禁飞区机动制导轨迹簇

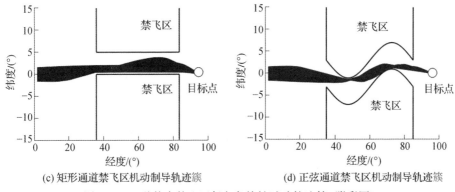

(c) 矩形通道禁飞区机动制导轨迹簇　　　　(d) 正弦通道禁飞区机动制导轨迹簇

图 6.15　4 种静态禁飞区任务鲁棒性试验轨迹簇(附彩图)

算法的有效性和路径约束的情况如图 6.16 所示。飞行器在轨迹优化与机动制导的过程中必须满足路径约束,路径约束包括动压、过载和热流率,图 6.16(a)~(d)为 4 种静态任务分别在 1000 次蒙特卡罗实验中的各个路径约束的最大值点集。从

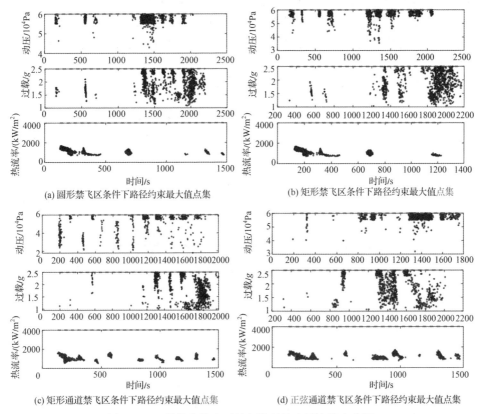

(a) 圆形禁飞区条件下路径约束最大值点集　　(b) 矩形禁飞区条件下路径约束最大值点集

(c) 矩形通道禁飞区条件下路径约束最大值点集　　(d) 正弦通道禁飞区条件下路径约束最大值点集

图 6.16　4 种静态禁飞区任务路径约束最大值点集图

图中可以看出,总体上,基于三触角探测的倾侧角瞬变机动制导方法在飞行器的飞行过程中仍然可以保证飞行器满足这些路径约束,说明蒙特卡罗实验中,飞行器可以有效地跟踪标称轨迹。从文献[4]的实验中可知,这种基于触角探测的机动制导方法不会消耗太多的时间,不同的积分长度会改变探测的精度和耗时。本方法的计算性能可以通过不同任务中所有制导周期的计算时间的最大值、最小值和平均值来衡量。

图 6.17(a) 为 4 种静态禁飞区任务的检测周期的计算时间变化图。由图 6.17(a) 可见,该方法在初始阶段消耗较多的时间,但在任务进行到后期时,消耗的时间逐渐减少。因此,飞行器距离禁飞区终点越近,触须越短,探测时间越短。计算并记录蒙特卡罗实验中每个探测周期的计算时间,找出最大探测时间和最小探测时间,记录出现最值的周期时刻,分别记录。针对平均探测时间,经过对整个飞行的探测时间计算后,发现在飞行中探测时间最接近平均探测时间的时刻,然后记录下这一时刻,得到图 6.17(b) 的结果。图 6.17 中的横坐标就是飞行器飞行过程的时刻坐标,图 6.17(b) 中显示,最大计算时间小于 0.15s,而且最小计算时间以毫秒为单位,平均计算时间在 0.02s 左右。这些结果表明,这种基于三触角的倾侧角瞬变机动制导方法可以用于高超声速滑翔飞行器的机动制导过程。

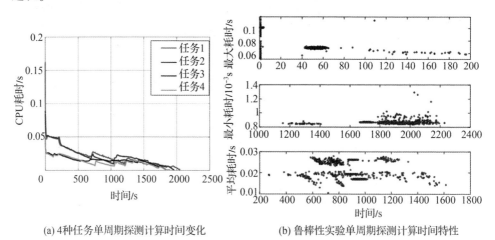

(a) 4种任务单周期探测计算时间变化　　(b) 鲁棒性实验单周期探测计算时间特性

图6.17　4 种静态禁飞区任务时间特性图(附彩图)

本节针对多禁飞区约束问题,提出了基于三触角的倾侧角瞬变机动制导方法。通过在基于双触角的机动制导方法的基础上增加一条前向触角,分别建立纵横向剖面的机动制导策略,改进触角的预测与反馈后的机动制导策略,引入优先级计算方法,给出数值方法选择机动策略,采用时间计数延时滤波器防止横向制导指令震荡。

在仿真实验中,将基于三触角的倾侧角瞬变方法与高斯伪谱法工具包 GPOPS – Ⅱ 的分段轨迹优化方法和双触角逆转制导方法进行了比较,验证了本节设计算法面对多禁飞区约束时在精度和求解效率上的优势。

6.3.3 基于双模式多触角探测的禁飞区规避机动制导

在 6.3.2 节静态禁飞区机动制导任务中,我们发现:开始的触角探测的时间是比较大的,在接近禁飞区时由于距离较短而造成计算时间减少;在飞行器规避禁飞区后,探测时间突然变大。由此表现出的问题有:①计算时间开始较长,结束阶段较短,如图 6.18 所示;②计算时间存在数量级的突变,对于系统的稳定性具有重要影响。

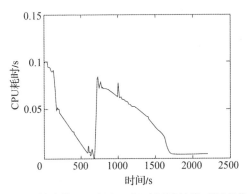

图 6.18　静态禁飞区任务 – 机动制导计算时间变化图

针对这种时间特性,本节介绍一种双模式多触角探测反馈机动制导方法,以优化触角探测时整个制导过程时间消耗。第一种模式是基于多触角粗略探测的分段定点模式,增加探测触角的积分步长,通过触角终端状态与定点参考距离获得临时终点;第二种模式是在临时终点的基础上,通过三触角精细探测反馈进行倾侧角瞬变的机动制导策略。

6.3.3.1 基于触角探测的机动制导方法的触角的生成与停止

在高超声速滑翔飞行器沿标称轨迹进行机动制导的过程中,前方路径中的禁飞区约束情况是未知的,同时由于机动制导带来的常规路径约束是否超出限值也是未知的,因此需要产生多个触角对前方路径进行探测。飞行器在触角探测反馈后会选择其中一个触角进行跟踪飞行,本节中根据探测定点与机动制导两种模式的目的调整两种模式中触角的探测更新时间,使得两种模式同时进行。

两类探测模式的触角均采取同一方法产生,每一个触角拥有不变的倾侧角,每一个触角出发点是一致的,假设飞行器处于第 i 时刻,以当前制导指令仿真积分一

个时间步长 ΔT_{Lat} 后,令积分后的第 $i+1$ 时刻的状态为预测起点,当这一预测周期结束后,获得相应的信息并计算出制导指令,飞行器也刚刚飞至第 $i+1$ 时刻的状态,由于积分时间步长固定且较小,预测起点与实际状态误差较小。每个触角的终止条件如下:

C1:触角的积分时间与已飞行时间之和超过任务最大飞行时间,本章实验中最大任务时间设为 3000s;

C2:存在触角末端在任意禁飞区边缘或者内部;

C3:存在触角上的状态信息经过计算后超出了热流率约束、动压约束和过载约束 3 个路径约束的最大值;

C4:触角的末端超出了根据速度或剩余经纬度距离获得的航向角限制;

C5:触角末端到达终端区域。

其中,前 4 个条件属于禁忌条件,飞行器的机动制导过程都应避免沿着这 4 种条件的触角飞行,而 C5 属于允许类条件,飞行器在规避禁飞区并且满足其他路径约束条件时要尽量选择这种触角。

6.3.3.2 多触角粗略探测的分段定点模式

高超声速滑翔飞行器如果只有一个距离较远的终点,在飞行过程中使用两个或者三个触角实时探测前方未知情况,初始阶段计算耗时较大。为了降低初始阶段的触角探测耗时,采用两种触角探测模式:一种是多触角大积分步长粗略探测,进行任务分段定点,如图 6.19 所示;另一种是三触角小积分步长精细探测,用于分段后的机动制导,两种方法在飞行器沿标称轨迹制导的过程中同时进行。

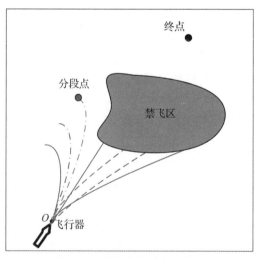

图 6.19 多触角临时定点策略

第 6 章 复杂禁飞区条件下再入轨迹优化与机动制导

首先要使用大步长的多触角进行探测,令飞行器从出发点开始以时间 T_1 为预测周期,产生 m 条大步长触角,第 k 条触角的倾侧角为

$$\sigma_k = -\sigma_{\max} + 2\sigma_{\max}(k-1)/(m-1) \tag{6.3.8}$$

式中: $\sigma_{\max}$ 为倾侧角最大值。当预测的触角停止后,得到所有触角的停止条件集合和停止端点的状态信息。参考优先级计算方法,令 5 种停止条件的停止优先级矩阵 $\boldsymbol{K}_a$ 为 $[a_1,a_2,a_3,a_4,a_5]$,第 $k(k=1,2,\cdots,m)$ 条触角的停止优先级为 K_{ak}。

然后根据各个触角的末端经纬度计算末端状态优先级 $\boldsymbol{K}_b$,假设当前所有触角的出发点经纬度为 $[\varphi_0,\psi_0]$,第 k 条触角的末端经纬度为 $[\varphi_k,\psi_k]$,终点的经纬度为 $[\varphi_f,\psi_f]$,计算距离 d_{gk} 如下:

$$d_{gk} = \sqrt{(\varphi_f-\varphi_k)^2+(\psi_f-\psi_k)^2} \tag{6.3.9}$$

之后,把所有触角的 d_{gk} 由小到大排列,按照大小顺序分别赋予末端状态优先级,形成的各个触角的末端状态优先级分别为 $[b_1,b_2,\cdots,b_m]$。将每一条触角的两种优先级做乘法,即总优先级为 $K_k = -K_{ak}\cdot K_{bk}$,通过比较所有的总优先级,得到应该选择的机动制导倾侧角,即

$$\sigma = \sigma_c(K_c = K_{\max}) \tag{6.3.10}$$

$$K_{\max} = \max\{K_1,K_2,\cdots,K_m\} \tag{6.3.11}$$

$$D_c = \sqrt{(\varphi_0-\varphi_c)^2+(\psi_0-\psi_c)^2} \tag{6.3.12}$$

式中: σ_c 为通过比较总优先级获得的倾侧角; c 为当前预测周期内被选择的那条触角序号; D_c 为被选择的触角的始末距离。

最后,设定分段定点模式中的经纬度距离固定为 D_g。令 D_g 与 D_c 比较,如果 $D_g > D_c$,则选择 D_c 所代表的位置为临时终点,即分段点;反之,选择第 c 条触角距离触角出发点距离 D_g 的点为临时终点。临时终点选择后,将作为分段模式下的三触角横向探测反馈机动制导的临时终点,即更换了 6.3.3.1 节中的触角终止条件 C5,同时也改变了条件 C4 中参考剩余航程的航向角约束。

为保证总优先级合理,设置两种优先级矩阵 $\boldsymbol{K}_a$ 和 $\boldsymbol{K}_b$ 的关系式如下:

$$a_2 = a_3 > a_4 > a_1 > a_5 > 0 \tag{6.3.13}$$

$$0 < b_i < b_{i+1} < 1, \quad i=1,2,\cdots,m-1 \tag{6.3.14}$$

$$b_1 > k_a, \quad k_a = \max\left\{\frac{a_4}{a_3},\frac{a_1}{a_4},\frac{a_5}{a_1}\right\} \tag{6.3.15}$$

其中,式(6.3.13)与式(6.3.14)的下标分别代表禁忌条件编号和末端状态优先级的从小到大赋值编号,并不代表触角编号。式(6.3.15)强调的是 $\boldsymbol{K}_a$ 中禁忌

条件与允许条件之间的关系;式(6.3.14)强调的是同一种停止条件下根据末端状态的优先级关系,且所有元素小于1是保证K_a中较小的触角不会因为K_b较大而总优先级小于K_a中较大的触角;式(6.3.15)是为了优先考虑停止条件优先级,避免K_a中较为禁忌的触角由于K_b较小而总优先级大于K_a中较小的触角,k_a代表产生上述可能的临界值。本节选择的K_a和K_b矩阵分别为$[0.1,1,1,0.4,0.05]$和$b_i=0.75+0.01i$,其中i为K_b矩阵根据末端状态优先级从小到大排列后的序号。

6.3.3.3 基于临时路航点的三触角再入机动制导模式

将6.3.3.2节中产生的临时终点作为三触角探测反馈的"终点"进行机动制导,当飞行器的经纬度位置与临时终点的距离小于与任务终点的距离,则将任务终点作为机动制导终点直到最后,可以达到节省制导计算时间的目的。

首先,确定三触角模式的预测周期T_2,该模式下,预测时的积分周期远小于多触角探测定点模式,即三触角模式下每一个预测周期只取3个触角,并令$m=3$,它们的倾侧角分别为$[-\sigma_{\max},0,\sigma_{\max}]$。$K_a$和$K_b$矩阵分别为$[0.1,1,1,0.4,0.5]$和$[0.75,0.76,0.77]$,满足6.3.3.2节的优先级规则。

然后,在初步确定了第i个预测周期的倾侧角σ_i后,为了避免经过此过程产生的倾侧角在一段时间内产生高频率的震荡或者不必要的左右摇摆,加入延时滤波器,具体如式(6.3.6)和式(6.3.7)所示。

6.3.3.4 仿真与结果分析

1. 不同禁飞区情况下的仿真分析

本节设置飞行仿真实验,令飞行器以标称轨迹为基准,针对4种具有代表性的禁飞区进行仿真实验:任务1是由左、右两个半圆分布的圆柱形禁飞区形成的包围分布;任务2是均匀分布在始末两端中间的三列圆柱形禁飞区;任务3是由两个长方体禁飞区构成的飞行走廊;任务4是正弦曲线形状的禁飞区构成的通道。仿真实验中,在没有禁飞区的情况下获得标称轨迹后,飞行器是在提前不知道禁飞区具体形状的情况下,仅通过触角的探测反馈得出某一点有禁飞区并且不能通过。使用基于触角探测的双模机动制导策略,获得了地面制导轨迹路线与控制指令,如图6.20和图6.21所示。其中图6.20是4种禁飞区情况下的经纬度轨迹路线图,图6.20(a)与(b)中的黑色圆圈代表的是半径为0.5°和0.6°的圆柱形禁飞区,红色圆圈表示的是在每一个分段定点周期内,选择的临时终端点。仿真实验中,多触角探测定点模式的积分周期设置为10s,而三触角机动制导模式的积分周期设置为1s,每100s执行一次多触角探测定点模式,每1s执行三触角机动制导模式,各个任务中的定点参考距离设置为18°。

第 6 章 复杂禁飞区条件下再入轨迹优化与机动制导

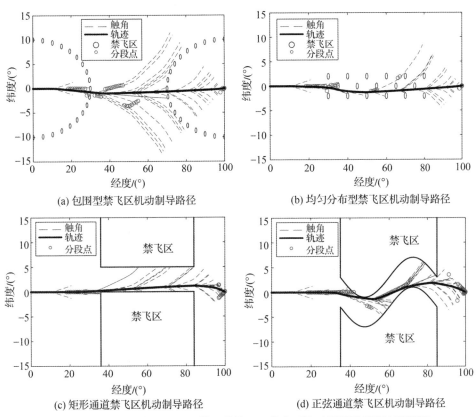

图 6.20 基于多触角探测的双模 4 种禁飞区约束下机动制导路线图(附彩图)

由图 6.20 看出,针对每一个禁飞区任务,算法一方面由多触角探测定点模式产生临时终端点,另一方面通过蓝色的触角在临时终端点的基础上进行机动制导。在每一个任务的初始阶段,临时终端根据分段定点模式 7 条触角的末端位置进行不断地更新,产生了较为连贯的临时终端点;当飞行器距离真实终点的距离即将达到分段距离 D_g 时,临时终点基本都重叠在终点位置[100,0]。

图 6.21 表示的是由机动制导模式产生的攻角指令,攻角指令变化次数较多,实现对标称轨迹的跟踪,实线代表的是经过延时滤波器后的倾侧角。可以明显看到,飞行器在规避各种复杂的禁飞区任务时,采取的倾侧角瞬变次数较少,能够有效规避禁飞区和航向角限制。并且,4 种任务中飞行器在经历倾侧角正负逆转时,延时滤波器会令倾侧角在这期间经历一段归零的过程,防止倾侧角的变化过大、切换频率过快造成飞行器失稳。

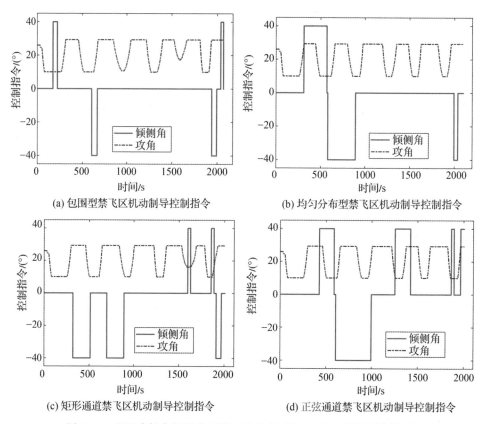

(a) 包围型禁飞区机动制导控制指令
(b) 均匀分布型禁飞区机动制导控制指令
(c) 矩形通道禁飞区机动制导控制指令
(d) 正弦通道禁飞区机动制导控制指令

图 6.21 基于多触角探测的双模 4 种禁飞区约束下机动制导控制指令

如图 6.22 所示,在触角停止条件中加入的三大路径约束停止条件,有效地避免了飞行器在加入倾侧角机动后产生路径约束上可能超出的情况。在图 6.22 中,飞行器在 4 种禁飞区任务下的机动制导过程,完全满足热流率、动压和过载约束。

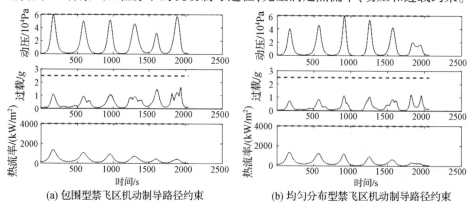

(a) 包围型禁飞区机动制导路径约束
(b) 均匀分布型禁飞区机动制导路径约束

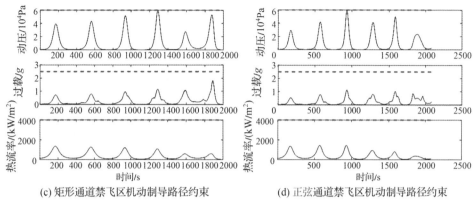

(c) 矩形通道禁飞区机动制导路径约束   (d) 正弦通道禁飞区机动制导路径约束

图 6.22 基于多触角探测的双模 4 种禁飞区约束下
机动制导路径约束变化图

为了验证算法的鲁棒性,将 4 种任务中的初始状态和飞行器本身参数采用蒙特卡罗方法进行随机离散。其中,对于状态矩阵中的变量采取 3σ 原则进行离散,飞行器的质量、空气动力学系数分别按照 10% 和 5% 的比例进行离散。随后将离散后的初始条件代入模型进行验证实验,每一个任务分别进行 1000 次实验,各禁飞区任务的轨迹簇如图 6.23 所示,每一个任务中的高超声速滑翔飞行器机动制导过程均获得成功。图 6.23(a)中,有 2 次实验的机动制导轨迹略微偏离大部分轨迹,是因为在多触角定点策略中采用的是 7 条粗略预测触角,如果在定点模式中增加一定的探测触角数量,轨迹簇会更为集中。

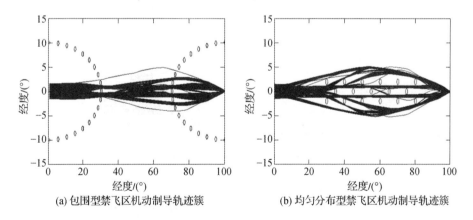

(a) 包围型禁飞区机动制导轨迹簇   (b) 均匀分布型禁飞区机动制导轨迹簇

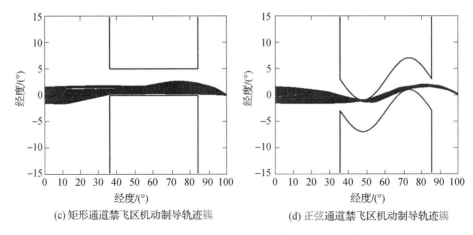

(c) 矩形通道禁飞区机动制导轨迹簇　　　　(d) 正弦通道禁飞区机动制导轨迹簇

图 6.23　基于多触角探测的双模 4 种禁飞区约束下机动制导鲁棒性实验轨迹簇

如图 6.24 所示,在蒙特卡罗仿真实验中,将各个任务的 1000 次实验中 3 种约束的最大值数值和出现的时间点进行了记录。图 6.24 中,每一个任务的热流率、动压和过载约束都符合飞行器的设计要求,并且在动压约束方面,各个任务的动压最大值分布较为集中,体现了模型的鲁棒性。图 6.25 中展示的是蒙特卡罗实验中,4 种任务共 4000 次仿真实验的飞行器速度跟踪情况,可见模型的 LQR 算法使得飞行器在机动制导过程中的速度参考经度这一变量基本上跟踪上了标称轨迹的飞行器速度。

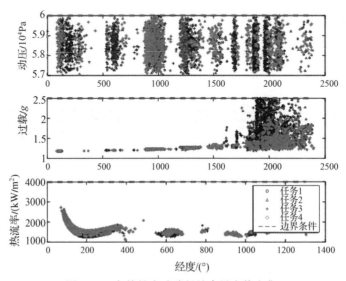

图 6.24　鲁棒性实验路径约束最大值点集

第6章 复杂禁飞区条件下再入轨迹优化与机动制导

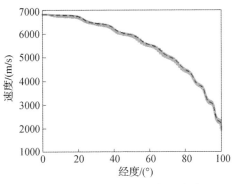

图 6.25 鲁棒性实验速度跟踪图

2. 不同定点间隔和策略效果分析

为了检验算法用于高超声速滑翔飞行器机动制导计算时间上的有效性和可靠性,飞行器在进行 4 种禁飞区任务双模式的机动制导过程中,记录每一次多触角探测定点的计算时间以及三触角探测机动制导的计算时间。获得整个任务的计算时间集合后,分别作两种计算时间随飞行时间的变化图。

如图 6.26 所示,实线的 4 条曲线是多触角探测定点的计算时间,其中每一次飞行任务中的多触角探测定点次数由定点时间间隔决定。多触角探测定点策略的计算时间符合由大到小的趋势,因为在任务初始阶段,飞行器飞行任务的剩余航程较大,触角的探测距离较长,而任务 1 中在 400s 左右和 1300s 左右各出现一次大的计算时间的反弹,是由任务 1 中禁飞区的特征决定的,飞行器在这两个时间段应恰好经过由圆柱形禁飞区构成的两道包围圈,这 2 个阶段是触角探测长度的临界变化阶段。在任务 2 中,由于飞行器经过均匀分布的禁飞区时,左右的禁飞区时有时无,多触角探测的距离也是相应地时长时短,直接造成了任务 2 中多触角探测定

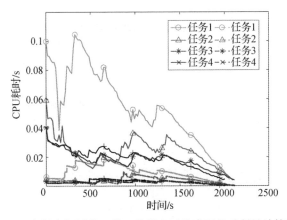

图 6.26 基于多触角探测的双模 4 种禁飞区约束下机动制导计算时间变化

点时间的常态波动。相反,任务三和任务四的禁飞区型较为整齐,所得到的多触角探测定点计算时间随飞行时间的增大,下降趋势明显。另外,图6.26中的4条点划线代表4种任务中三触角机动制导策略的计算时间,可见后者的耗时远小于前者。

图6.27和图6.28展示的是蒙特卡罗实验中4000次实验2种触角探测反馈模式的计算时间特性,在每一次蒙特卡罗实验中,分别记录该实验中2种模式的计算时间最大值、最小值以及出现这些值的飞行时刻。再计算每一次实验中2个模式的计算时间平均值,找出与平均值相类似的计算时间时刻点并进行记录。由图6.27和图6.28可见,两种模式的计算时间均很短,基于多触角探测反馈的机动制导策略能够在时间上满足高超声速滑翔飞行器机动制导的要求。

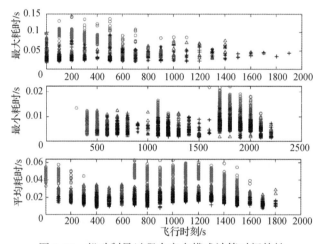

图6.27　机动制导过程中定点模式计算时间特性

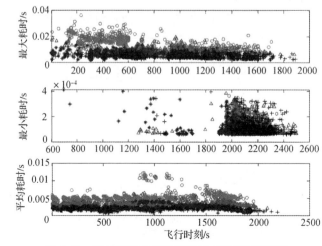

图6.28　飞行过程中机动制导模式计算时间特性

第6章 复杂禁飞区条件下再入轨迹优化与机动制导

3. 不同定点参考距离与定点模式周期的仿真分析

为了验证不同定点间隔和不同定点策略启用时间对于模型有效性的作用,采取控制变量的方法分别测试两种因素对于模型的作用。

(1) 采取 6 种不同的定点参考距离,分别是 [5°, 15°, 20°, 30°, 50°, 70°],定点时间间隔固定为 40s,从图 6.29(a) 中可以发现,虽然 6 种情况下的机动制导实验

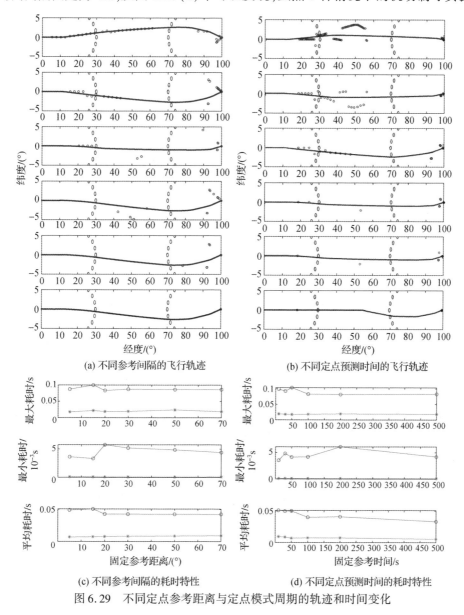

(a) 不同参考间隔的飞行轨迹 (b) 不同定点预测时间的飞行轨迹

(c) 不同参考间隔的耗时特性 (d) 不同定点预测时间的耗时特性

图 6.29 不同定点参考距离与定点模式周期的轨迹和时间变化

都能顺利完成,但发现,当定点参考距离过小或者过大时,轨迹不易收敛至中心轴线。图6.29(c)中展示了不同定点参考距离对于计算时间的影响,其中,计算时间最大值和最小值未受太大影响,而机动制导的平均预测时间随着定点参考距离的变大而变大。

(2)采取6种不同的定点预测时间间隔,分别是[10s,30s,50s,100s,200s,500s],定点参考距离是18°,从图6.29(b)中可见,定点预测时间间隔越小,定的临时终端点越密集,而在定点时间为500s时,由于第一次定的临时终端点在中轴线上,在下一次多触角预测定点前,飞行器发出的触角已经全部打在了位于飞行器正前方的小禁飞区上。对比前面5种定点预测时间间隔的结果,飞行器的第一次临时终端点虽然都相同,但是前5次实验都因为预测时间间隔较短,使得飞行器在未飞至第一次临时终端点的时候就已经重新定点,而这5次实验中重新定的临时终端点均是在第一包围圈外,使得飞行器能够机动规避禁飞区。由于预测时间间隔变化并不影响每次临时终端点的距离,因此对于图6.29(d)中的计算时间影响较小。

6.4 面临的挑战与展望

6.4.1 面向复杂多静态禁飞区约束的再入规避机动制导

本章对现有典型禁飞区规避算法进行了介绍,在禁飞区数量有限或者基于圆形假设的情况下,航向角走廊和人工势场法具有一定的规避效果。6.3节中介绍了基于双模式多触角探测的禁飞区规避制导方法,进一步突破了禁飞区数量和圆形假设的限制,在禁飞区数量远远大于3个和禁飞区形状为矩形、廊道型的再入飞行情形时,依然能够成功机动规避,生成控制飞行器精确到达目标区域的制导指令。但是,随着对抗环境的日益复杂,以及各种政治因素叠加,导致飞行过程中需要考虑不同形状禁飞区混合的情形,因此如何快速找到一种轻量的且能适应不同形状禁飞区的复杂多静态禁飞区规避制导方法亟须进一步研究。

6.4.2 考虑动态禁飞区规避的再入规避机动制导

动态禁飞区主要是指边界具有一定移动速度的禁飞区,例如,一些巡逻的预警探测装置,具有追踪能力的防空导弹等。这些具有移动能力的禁飞区的移动速度相比于高超声速滑翔飞行器的移动速度较慢,其中巡逻式的移动禁飞区移动速度较慢,追踪性动态禁飞区的移动速度相对较快,但机动性能弱于高超声速飞行器。从本章节的介绍中可以看出,当前典型禁飞区规避方法,特别是航向角走廊和人工势场法基本仅对于静态禁飞区有效。当面临动态禁飞区时,航向角走廊确定及势场函数设计均会变得异常复杂。动态禁飞区约束的引入,无疑给高超声速飞行器机动制导带来新的挑战。图 6.30 和图 6.31 分别为巡逻型动态禁飞区模型和动态禁飞区纬度平面运动示意图,图 6.30 中的 V_{lat} 和 V_{lon} 分别表示禁飞区沿纬线方向和经线方向的速度。

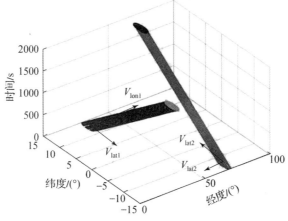

图 6.30 巡逻型动态禁飞区模型示意图

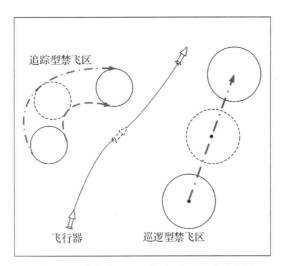

图 6.31 动态禁飞区经纬度平面运动示意图

6.4.3 考虑动静混合禁飞区约束的再入机动规避制导

动态禁飞区与静态禁飞区混合出现的情形,给高超声速滑翔飞行器规避制导方法带来了以下 3 个挑战:①规避制导的实时性。动态禁飞区的存在导致全局禁飞区态势是不断变化的,需要快速生成满足约束的规避制导指令。②禁飞区态势预测性。指令生成需要同时考虑禁飞区态势、运动趋势、飞行器制导周期之间的关系,特别是需要预先考虑下一时刻飞行器相对动态、静态禁飞区的位置。③制导周期自适应变化。制导周期的不同会直接影响禁飞区规避的效果,需要随着飞行器相对于静态、动态禁飞区和目标点位置的变化,自适应调整制导周期的长短,以较高的效率控制飞行器规避混合禁飞区。因此,为进一步贴合真实对抗条件下的飞行需求,考虑动静混合禁飞区约束的再入机动规避制导有待于深入研究。

参考文献

[1] JORRIS T R. Multiple Method 2 – D Trajectory Optimization Satisfying Waypoints and No – Fly Zone Constraints[J]. Journal of Guidance,Control,and Dynamics,2008,31(3):543 – 553.

[2] JIANG Z,RUI Z. Reentry Trajectory Optimization for Hypersonic Vehicle Satisfying Complex Constraints[J]. Chinese Journal of Aeronautics,2013(6):1544 – 1553.

[3] ZHANG D,LIU L,WANG Y J. On – line Reentry Guidance Algorithm with Both Path and No – Fly Zone Constraints[J]. Acta Astronautica,2015,117:243 – 253.

[4] LIANG Z X,LIU S Y,LI Q D,et al. Lateral Entry Guidance with No – Fly Zone Constraint[J]. Aerospace Science and Technology,2017,60:39 – 47.

[5] JORRIS T R,COBB R G. Three – Dimensional Trajectory Optimization Satisfying Waypoint and No – Fly Zone Constraints[J]. Journal of Guidance,Control,and Dynamics,2009,32(2):551 – 572.

[6] LI Z H,YANG X J,SUN X D,et al. Improved Artificial Potential Field Based Lateral Entry Guidance for Waypoints Passage and No – Fly Zones Avoidance[J]. Aerospace Science and Technology,2019,86:119 – 131.

[7] LIANG Z X,ZHANG R. Tentacle – Based Guidance for Entry Flight with No – Fly Zone Constraint[J]. Journal of Guidance Control and Dynamics,2018,41(4):996 – 1005.

[8] GAO Y,CAI G B,YANG X G,et al. Improved Tentacle – Based Guidance for Reentry Gliding Hypersonic Vehicle With No – Fly Zone Constraint[J]. IEEE Access,2019,7:119246 – 119258.

[9] 高杨,蔡光斌,张胜修,等. 多禁飞区高超声速滑翔飞行器再入机动制导[J]. 兵器装备工程学报,2019,40(08):32 – 39.

[10] PAN L,PENG S C,XIE Y,et al. 3D Guidance for Hypersonic Reentry Gliders Based on Analytical Prediction[J]. Acta Astronautica,2020,167:42 – 51.

[11] KHATIB O. Real – Time Obstacle Avoidance for Manipulators and Mobile Robots[M]//Autonomous Robot Vehicles. Berlin:Springer,1986.

[12] LEE M C,PARK M G. Artificial Potential Field Based Path Planning for Mobile Robots Using a Virtual Obstacle Concept[J]//Proceedings 2003 IEEE/ASME International Conference on Advanced Intelligent Mechatronics,Kobe,2003.

[13] GE S S,CUI Y J. New Potential Functions for Mobile Robot Path Planning[J]. IEEE Transactions on Robotics and Automation,2000,16(5):615 – 620.

[14] GE S S, CUI Y J. Dynamic Motion Planning for Mobile Robots Using Potential Field Method[J]. Autonomous Robots, 2002, 13(3):207-222.

[15] 高杨,蔡光斌,徐慧,等. 虚拟多触角探测的高超声速滑翔飞行器再入机动制导[J]. 航空学报,2020, 41(11):131-146.

[16] PHILLIPS T H. A Common Aero Vehicle (CAV) Model, Description, and Employment Guide[R]. Chelmsford:Schafer Corporation,2003.

[17] HARPOLD J C, GRAVES JR C A. Shuttle Entry Guidance[J]. Journal of the Astronautical Sciences,1978, 27(3):239-268.

第7章 多高超声速滑翔飞行器协同制导

近年来,世界各国都对高超声速再入滑翔飞行器展现了强烈的发展意愿[1-4]。美国先后开展了 LRHW、CPS、HCSW 等高超声速导弹项目;俄罗斯开展了"先锋"高超声速滑翔导弹的建设。同时,为了拦截敌方高超声速飞行器,世界主要国家都分别研究并部署了防空反导系统。例如,美国部署了"爱国者"导弹防御系统、"宙斯盾"防御系统和"萨德"反导系统,俄罗斯也在大力发展从 S-300 到 S-500 一系列防空反导系统。随着现代作战环境日益复杂,作战任务愈发多样,任务目标更加智能且机动能力大大提高,部分目标甚至可以发射诱饵弹干扰来袭导弹,在这种情形下高超声速飞行器既要完成对目标的识别,又要完成高精度的攻击或拦截的难度越来越大。

高超声速再入滑翔飞行器要想继续保持战场上的突防优势,必须具备一定的反拦截能力。增强突防能力主要有两种方法:①提高飞行器性能,扩大个体性能的优势,凭借"硬实力"突破敌方拦截,精准命中目标;②利用数量优势,形成多个飞行器协同攻击。应用协同作战技术,高超声速飞行器可扬长避短,充分发挥其作为先进远程高速打击武器的优势,以数量优势应对空天防御力量的增长,实现对目标的多时空复合打击,提高飞行器编队对机动目标的拦截能力、对高价值固定/慢速移动目标的毁伤能力,高超声速飞行器协同制导律研究具有重要的理论意义及国防应用价值。图 7.1 展示了高超声速飞行器协同作战的一种样式。

7.1 多高超声速飞行器协同制导问题描述

协同制导指的是多枚相同种类或不同种类的飞行器,在一定的分布式协同策略基础上,通过个体之间的信息传输,实现制导系统状态变量的协调一致(如攻击角度、攻击时间等)。随着弹载计算机技术、弹载通信技术的发展,多高超声速飞行器协同制导具备初步的工程可行性。

第 7 章 多高超声速滑翔飞行器协同制导

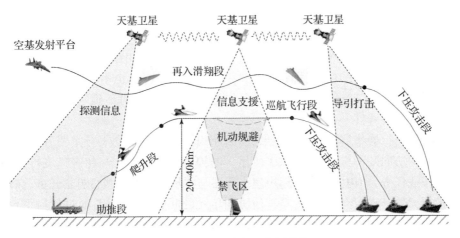

图 7.1 高超声速飞行器协同作战

7.1.1 多高超声速飞行器协同制导技术分类

协同制导律按照信息交互方式分为两类(图7.2):①独立式协同制导,认为各拦截弹之间不存在信息交互,协同策略依赖发射前装订,制导指令仅根据自身信息生成;②综合式协同制导,认为各拦截弹之间存在信息交互,协同策略可以实时变更,制导指令通过综合各个拦截弹的信息生成。独立式协同制导各弹之间没有信息交流,控制效果只依赖于一个共同且提前设定好的控制参数,可靠性很差,从协同控制角度看,这是一种开环的控制方法,本质上是具有相同攻击时间约束的单枚导弹的控制制导问题;在综合式协同制导中,每个飞行器的协调信息融入了除自身信息外的相邻或所有参与协同作战的弹体状态信息,从协同控制角度看,是一种闭环控制方法。综合式协同制导相对于独立式协同制导具有明显的结构上的优势,但综合式协同制导对网络通信要求非常高,算法结构也更为复杂。

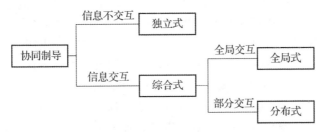

图 7.2 高超声速飞行器协同制导律按信息交互方式分类方法

在综合式协同制导方法中,根据飞行器协同信息形成和配置的方式不同,又可以分为全局式和分布式两类。全局式协同制导是所有飞行器之间都可以进行信息交流,其优点是信息全,但从工程角度看,全局式交互方式存在鲁棒性较差和通信代价大等问题;另一种更充分利用网络特点的方式是分布式协同制导,其优点是只需要相邻飞行器之间有信息交互即可,每枚飞行器通过相邻飞行器的信息得到整体协同攻击所需要的信息,即使其中某枚导弹出了故障,也不会影响整体攻击效果,另外也解决了较远之间导弹无法及时通信的问题,针对不确定性可实时调节,具有很强的鲁棒性。

按照飞行器集群单元的组织形式,高超声速飞行器协同飞行主要分为异构协同和同构协同两种方式,如图7.3所示。同构协同是指多个高超声速飞行器协同进行作战任务,异构协同指高超声速飞行器与常规导弹共同执行打击任务,在作战背景下,又引申为与探测平台等其他协同单元的联合作战应用,通过发射平台、指挥系统及各飞行器之间的信息、战术、火力在时间、空间和功能上相互配合和协作,以提高我方导弹群的探测、跟踪和攻击能力,从而完成战术任务的作战方式。

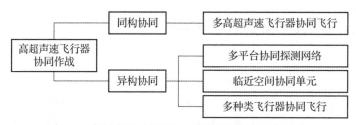

图7.3 高超声速飞行器协同作战单元构成分类方法

在协同制导过程中,除脱靶量外,附加多约束条件可以实现更加精准高效的打击效果。根据约束形式可分为时间约束、角度约束、视场角约束以及同时考虑多项约束。现有的协同制导研究成果基本基于时间约束协同,同一时间到达是实现饱和攻击的基本要求。攻击角度约束是为了获得更好的打击效果,要求导弹以某一个角度击中目标,从而充分发挥导弹的毁伤性能。例如,鱼雷为了发挥定向聚能炸药的威力,需要垂直命中目标;钻地弹希望以接近90°的角度接近地面;反坦克导弹希望以大落角对坦克顶部薄弱装甲实施攻顶。在多飞行器的角度协同中,通过角度约束制导律设计可以实现集群中的飞行器从多个角度包围攻击目标。无论是时间约束还是攻击角度约束下的协同作战,飞行器都需要通过较大的机动调整轨迹,在调整过程中会产生飞行器视场丢失目标的问题。在实际作战场景中,不同种类的飞行器有不同大小的视场角限制,在机动过程中要保证目标一直位于其视场范围内。随着飞行器性能的提升,对于飞行器轨迹的控制将进一步提高,综合考虑多种约束的需求也日益强烈,将攻击时间约束、攻击角度约束、视场角度约束同时考虑到多飞行器的协同制导过程中,会得到更加优良的制导效果,同样地,制导律的设计难度也会大大增加。

上述不同协同制导方法均有不同优点,不同协同制导方法的使用应该结合具体场景选择,甚至可以组合、分段使用。目前,高超声速协同制导理论研究集中于多约束条件下多高超声速飞行器同构协同策略,即时间、角度约束下的多高超声速飞行器协同制导设计。在传统飞行器的协同制导领域中,对于同构协同的理论研究已经持续了十余年,相关技术及理念已经趋于成熟。传统飞行器的时间协同制导方法对高超声速飞行器协同制导设计具有极高的参考价值。传统飞行器多约束协同制导方法如图7.4所示。

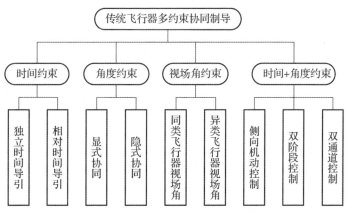

图 7.4　传统飞行器协同约束条件及常见控制方式

目前常见的多高超声速滑翔飞行器时间协同再入制导算法首先估计每个飞行器到达目标区域的时间范围,找到每个飞行器都能满足的协调时间段,确定协同时间,然后根据每个飞行器运动状态,通过最小化时间误差得到再入制导指令。此类方法只能使得各飞行器在一定时间误差范围内先后到达目标区域,且每个飞行器制导指令求解效率无法得到保证,需要进一步研究以确保在强协同时间约束下,也能完成饱和打击任务。此外,部分研究人员利用深度神经网络方法,通过大量样本数据训练,在线预测剩余飞行时间,进而在时间协调策略引导下完成时间协同制导,此类方法离线工作较多,对任务变化的适应性不强。因此,对于实际任务来说,研究能够严格满足多约束条件下的多高超声速飞行器协同再入制导方法是一个亟须解决的问题。

7.1.2　多高超声速飞行器协同制导问题架构

现有的众多协同制导方法大多是在双层协同制导架构和"领弹-从弹"式协同制导架构的基础上开展的研究[5]。前者可以同时应用于同构飞行器集群和异构飞行器集群的协同制导,而后者是专门为更有应用前景的异构飞行器集群而设计的。这两种协同制导架构的提出是基于飞行器的运动学特性和对攻击协同的要求,故均可以实现多飞行器的协同制导。此外,也有部分学者提出"双阶段"协同制导架构:第一阶段通过一致性算法使过渡状态一致;第二阶段切换至比例导引实现终端协同,无须剩余时间估计,目前而言研究资料相对较少。

7.1.2.1 "领弹-从弹"式协同制导

"领弹-从弹"式协同制导架构在无人机编队飞行中得到广泛应用,其架构如图 7.5 所示,于 2009 年由张友安等将"领弹-从弹"的思想应用到多导弹时间协同的制导与控制中。这种架构是根据协同要求选择导弹的参考运动状态,领弹或虚拟领弹相对目标的运动状态将作为其他被领弹相对目标运动状态跟踪控制系统的参考输入。通过对领弹或相邻导弹参考运动状态的跟踪,在机动指令的控制下,当被领弹相对目标的运动状态与领弹相对目标的运动状态趋于一致即从弹与领弹达到协同时,就可以保证所有被领弹随同领弹同时攻击目标,从而实现多导弹协同制导。

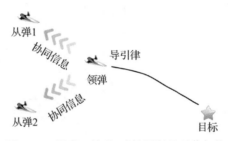

图 7.5 "领弹-从弹"式协同制导通信架构

在这种协同制导架构中,领弹可采用一般导引律,运动状态不受从弹影响,而领弹又有着不同的选择,其中包括了以导弹集群中的 1 枚导弹作为领弹,以目标作为领弹,以及以虚拟点作为领弹 3 种情况。这种协同制导架构可以认为是双层协同制导架构的一种变形,即以参考运动状态作为协调变量,以领弹的参考运动状态作为期望的协调变量。然而,相比于双层协同制导架构,这种协同制导架构的领弹不受其余导弹的影响,而且可以采用误差控制的方法作为底层导引控制。若领弹采用比例导引,则选择当所有导弹都采用经典比例导引飞行时,待飞时间最长的作为领弹。虽然这种协同制导架构需要提前确定领弹,且由于领弹的重要地位使得协同系统的可靠性和鲁棒性较差,但相比于双层协同制导架构具有信息的实时性较好、更加有利于导弹集群的扩展等优点,而且采用这种协同制导架构的制导方法由于使用了相对成熟的控制理论,所以在稳定性证明上更为简单。

7.1.2.2 双层协同制导

双层协同制导架构由赵世钰和周锐于 2008 年提出,如图 7.6 所示,以满足导弹飞行特点的带约束导引律为底层导引控制,以包含协调变量的集中式或分散式协调策略为上层协调控制。其中,协调变量指的是实现一种协同任务所需的数量最少的信息,而通过协调函数可以确定协调变量的取值,即期望的协调变量,该变量也可直接定义。这种协同制导架构的协调策略指的是通过控制导弹的弹道从而使每枚导弹的协调变量逐渐趋近于期望的协调变量,从而实现协同制导。这种协同制导架构既保证了导弹能够命中目标又满足了协同攻击的要求,而且针对不同的协同任务,可以选择相应的制导律和协调策略具有一定的通用性,目前协调变量的选择以各飞行器的剩余飞行时间和各飞行器与目标的相对距离为主。

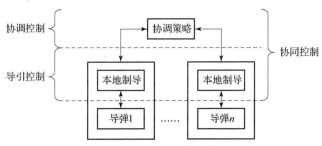

图 7.6　双层协同制导架构

7.1.2.3　双阶段协同制导

高超声速滑翔飞行器的飞行过程一般包括动力阶段、调整阶段、再入滑翔阶段和末制导阶段(下降阶段)。双阶段协同制导主要研究再入滑翔阶段和末制导阶段的协同制导策略,末制导阶段可以保证打击精度,再入滑翔飞行阶段的协同制导可以为末制导初始阶段提供精确而有利的初始条件。这种协同架构通过将中末制导分别设计,中制导阶段可考虑禁飞区约束等因素,进行协同轨迹规划,在末制导阶段中同时考虑攻角和攻时等约束的情况下到达预期目标点。中末制导律的切换和多约束条件的实现将是双阶段协同制导的研究方向。双阶段协同制导原理如图 7.7 所示。

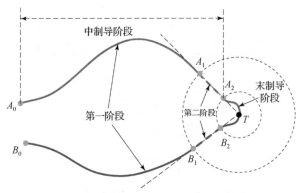

A_0、B_0—起点;T—目标点;A_1、B_1、A_2、B_2—不同阶段之间的交班点。

图 7.7　多阶段协同制导示意图

7.2 典型多高超声速飞行器协同制导求解算法

高超声速飞行器协同饱和打击任务要求飞行器具备一定程度上自由调节自身飞行时间的能力,同时在指定时间范围内实现对目标的精确打击。协同制导方法设计首先基于单个飞行器的制导方法,现阶段的再入制导方法主要分为两种:标称轨迹制导法和预测-校正制导法,在这两种典型方法的基础上,又衍生出了标称轨迹与落点预测混合制导方法,这3种制导方法主要是针对纵向飞行轨迹。在侧向平面,高超声速飞行器采用倾斜转弯(bank to turn,BTT)模式,通过倾侧反转逻辑来控制飞行器侧向机动,并通过侧向机动延长或缩短飞行时间,以求达到多飞行器的同时到达,图7.8展示了倾侧角反转协同制导流程。关于时间可控再入制导问题,如何确定剩余飞行时间是得到协同时间的关键,并在此基础上进行纵向弹道调整与横向倾侧反转设计,目前主要求解方法以解析方法和强化学习方法为主。

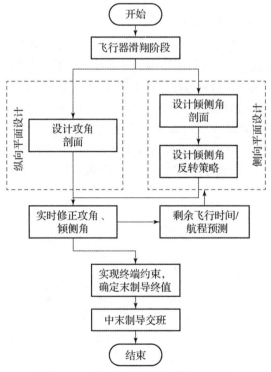

图7.8 倾侧角反转协同制导流程图

7.2.1 基于解析方法的协同制导

1. 原理

相比于数值预测校正制导方法,基于弹道解析解的制导方法能够对再入弹道进行精准预测,得到更加准确的剩余飞行时间,减少在线计算时间,满足工程上实时应用的需求[6-12]。

高超声速飞行器再入制导可分为纵向制导和侧向制导,纵向制导可以设计倾侧角幅值$|\sigma|$,侧向制导可以利用航向角偏差走廊求解倾侧角符号,确保飞行器指向目标点。

在进行纵向轨迹设计时,可将再入过程分为初始再入段和准平衡滑翔段考虑。初始再入段是为了再入飞行器的状态顺利进入阻力加速度-速度再入飞行走廊,并满足准平衡滑翔条件式,为进入滑翔段进行准备。阻力加速度-速度再入飞行走廊可由热流率、动压、过载的路径约束和准平衡滑翔条件得到,阻力加速度记为a_D,具体约束条件如下:

$$\begin{cases} a_D \leq \dfrac{\dot{Q}_{\max}S_r}{2K_Q m} \cdot \dfrac{C_D \rho^{0.5}}{v^{1.15}} \\ a_D \leq \dfrac{q_{\max}S_r}{m} \cdot C_D \\ a_D \leq \dfrac{N_{\max}g_0}{\sqrt{(L/D)^2+1}} \\ a_D \geq \dfrac{D}{L} \cdot \left(g - \dfrac{v^2}{r}\right) \end{cases} \quad (7.2.1)$$

初始再入段飞行过程大气稀薄,路径约束较小,气动控制力作用有限,因此为简化计算,此段飞行过程倾侧角大小可设为一个常值σ_0,直至到达准平衡滑翔段的转换点。再入初始时刻的倾侧角符号,可由下式确定:

$$\text{sgn}(\sigma_0) = -\text{sgn}(\Delta\psi_0) \quad (7.2.2)$$

式中:$\Delta\psi_0$为航向角与目标点视线方向的偏差,$\Delta\psi_0 = \psi_0 - \psi_{\text{LOS}}$;$\psi_0$为再入时刻航向角;$\psi_{\text{LOS}}$为目标点视线方位角。基于攻角剖面以及初始时刻倾侧角和状态量值,可通过不断积分计算,得到初始再入段过程中的状态量和控制量,直到飞行器进入再入飞行走廊并满足准平衡滑翔条件,即得到初始再入段到准平衡滑翔段的转换点,转换条件为

$$\left| \dfrac{\text{d}r}{\text{d}v} - \left(\dfrac{\text{d}r}{\text{d}v}\right)_{\text{QEGC}} \right| < \delta_1 \quad (7.2.3)$$

式中:δ_1为小量常值。可得

$$\begin{cases} \dfrac{\mathrm{d}r}{\mathrm{d}v} = \dfrac{v\sin\gamma}{-D/m - g\sin\gamma} \\ \left(\dfrac{\mathrm{d}r}{\mathrm{d}v}\right)_{\mathrm{QEGC}} \approx \dfrac{C_L S_r \cos\sigma_0 \rho v + 2mv/r}{mv^2/r^2 + \rho v^2 C_L S\cos\sigma_c/2h_s} \end{cases} \tag{7.2.4}$$

式中:$h_s = 7100\mathrm{m}$;σ_c为选择的倾侧角;σ_{QEGC}为准平衡滑翔条件得到的倾侧角大小;δ_2为小量常值。通过不断地迭代和判断,即可求得转换点的状态量和控制量。

综上,在初始再入段,设计了一个参数σ_0,通过不断地积分迭代求得每一时刻的状态量和控制量直至到达飞行阶段转换点。

经过再入过程转换点之后,高超声速再入滑翔飞行器进入平衡滑翔段,飞行过程不仅需要时刻满足$D-v$再入飞行走廊,还需要满足准平衡滑翔条件,在这一过程中航迹角在0°附近缓慢变化,即在实际应用时常有$\dot{\gamma} \approx \gamma \approx 0$的近似简化过程。为了保证飞行器满足时间约束,精确打击目标点,可基于准平衡滑翔条件对剩余飞行时间和剩余飞行航程进行估计。

由于$\dot{\gamma} \approx \gamma \approx 0, \cos\gamma \approx 1$,准平衡滑翔条件可以转变为

$$m = \frac{L\cos\sigma}{(g - v^2/r)\cos\gamma} \approx \frac{L\cos\sigma}{g - v^2/r} \tag{7.2.5}$$

将式(7.2.5)代入动力学模型可得

$$\frac{\mathrm{d}v}{\mathrm{d}t} = -\frac{1}{r} \cdot \frac{D}{L} \cdot \frac{gr - v^2}{\cos\sigma} \tag{7.2.6}$$

$$\mathrm{d}t = -r\frac{L}{D}\cos\sigma \frac{\mathrm{d}v}{gr - v^2} \tag{7.2.7}$$

由于飞行高度远小于地球半径,即有$R_e/r \approx 1$,代入式(7.2.7),且同时两边积分可得剩余时间估计:

$$\int_t^{t_f} \mathrm{d}t = \int_v^{v_f} -R_e \frac{L}{D}\cos\sigma \frac{\mathrm{d}v}{g_0 R_e - v^2} \tag{7.2.8}$$

$$T_{\mathrm{go}} = \frac{\sqrt{R_e}}{2\sqrt{g_0}} \frac{L}{D}\cos\sigma \ln\left(\frac{\sqrt{g_0 R_e} + v}{\sqrt{g_0 R_e} - v} \frac{\sqrt{g_0 R_e} - v_f}{\sqrt{g_0 R_e} + v_f}\right) \tag{7.2.9}$$

式中:g_0为地表重力加速度;R_e为地球半径;v_f为终端时刻速度。

若满足飞行时间约束和终端速度,则满足约束的剩余时间为

$$T_{\mathrm{go}}^* = \frac{\sqrt{R_e}}{2\sqrt{g_0}} \frac{L}{D}\cos\sigma \ln\left(\frac{\sqrt{g_0 R_e} + v}{\sqrt{g_0 R_e} - v} \frac{\sqrt{g_0 R_e} - v_f^*}{\sqrt{g_0 R_e} + v_f^*}\right) \tag{7.2.10}$$

则最终求得的制导周期内倾角幅值为

$$|\sigma_g| = \arccos\frac{T_{\mathrm{go}}^*}{T_{\mathrm{go}}^0} \tag{7.2.11}$$

式中：T_{go}^0 为倾侧角为 0 时式(7.2.9)的取值。

剩余航程为当前时刻飞行器位置到落点的距离，剩余航程的变化率为

$$\frac{ds}{dt} = \frac{R_e}{r} v \cos\gamma \approx \frac{R_e}{r} v \tag{7.2.12}$$

同理可得

$$ds = -R_e \frac{L}{D} \cos\sigma \frac{v dv}{g_0 R_e - v^2} \tag{7.2.13}$$

两边同时积分，可得剩余航程估计：

$$\int_s^{s_f} ds = \int_v^{v_f} -R_e \frac{L}{D} \cos\sigma \frac{v dv}{g_0 R_e - v^2} \tag{7.2.14}$$

$$s_{go} = \frac{R_e}{2} \frac{L}{D} \cos\sigma \ln \frac{g_0 R_e - v_f^2}{g_0 R_e - v^2} \tag{7.2.15}$$

联立式(7.2.9)和式(7.2.15)可得剩余飞行时间和剩余航程之间的关系如下：

$$\frac{T_{go}}{s_{go}} = \frac{1}{\sqrt{g_0 R_e}} \frac{\ln\left(\frac{\sqrt{g_0 R_e} + v}{\sqrt{g_0 R_e} - v} \frac{\sqrt{g_0 R_e} - v_f}{\sqrt{g_0 R_e} + v_f}\right)}{\ln \frac{g_0 R_e - v_f^2}{g_0 R_e - v^2}} \tag{7.2.16}$$

考虑在总飞行时间和目标点已知的情况下，令 $a = \sqrt{g_0 R_e}$，式(7.2.16)可以转化为

$$\frac{a \cdot T_{go}^*}{s_{go}^*} = \frac{\ln\left(\frac{a+v}{a-v} \frac{a-v_f}{a+v_f}\right)}{\ln\left(\frac{a-v_f}{a-v} \frac{a+v_f}{a+v}\right)} \tag{7.2.17}$$

式中：s_{go}^* 为满足约束条件的剩余航程。

分析可知上式中，只有一个变量 v_f，如若找到合适的 v_f，即可以同时满足飞行时间约束和航程约束，则可将式(7.2.17)转化为

$$f(v_f) = a^* T_{go}^* \ln\left(\frac{a-v_f}{a-v} \frac{a+v_f}{a+v}\right) - s_{go}^* \ln\left(\frac{a+v}{a-v} \frac{a-v_f}{a+v_f}\right) = 0 \tag{7.2.18}$$

式中：a^* 为期望求得的同时满足剩余航程和飞行时间约束的系数。

采用粒子群优化算法求解式(7.2.18)，得到所要的终端速度记为 $\bar{v}_f$。结合式(7.2.9)可得同时满足飞行时间约束和航程约束的倾侧角指令幅值为

$$|\sigma_{g,cmd}| = \arccos \frac{T_{go}^*}{T_{go}^0 \bar{v}_f} \tag{7.2.19}$$

综上所述，通过解析推导可以得到准滑翔段倾侧角剖面，并且能够满足剩余时间和航程约束。

设计倾侧角剖面分为初始再入段和滑翔段两个部分，能够满足从初始再入时刻起算的飞行时间约束。本节采用航向角误差走廊确认倾侧角符号，航向角误差走廊分段函数表示如下：

$$|\Delta\psi_{th}| = \begin{cases} 10, & 6000 < v \leq v_0 \\ 15, & 3000 < v \leq 6000 \\ \dfrac{7}{1200}(v-3000)+15, & 1800 < v \leq 3000 \\ 8, & v \leq v_f \end{cases} \quad (7.2.20)$$

式中：$|\Delta\psi_{th}|$ 为航向角误差走廊的边界约束，单位为度(°)；v_0 和 v_f 分别为再入时刻和期望终端时刻速度。当 HGV 飞行过程中，航向角与视线角偏差 $\Delta\psi$ 一旦超过航向角误差走廊边界 $|\Delta\psi_{th}|$，则倾侧角进行符号反转变化，反转策略如下：

$$\mathrm{sgn}(\sigma^i) = \begin{cases} -1, & \Delta\psi \geq |\Delta\psi_{th}(v)| \\ \mathrm{sgn}(\sigma^{i-1}), & \Delta\psi \in (-|\Delta\psi_{th}(v)|, |\Delta\psi_{th}(v)|) \\ 1, & \Delta\psi \leq -|\Delta\psi_{th}(v)| \end{cases} \quad (7.2.21)$$

式中：$\Delta\psi = \psi - \psi_{LOS}$，为航向角 ψ 与视线角 ψ_{LOS} 的差值。综上所述，可以得到倾侧角的大小和符号，即解算出倾侧角剖面。

多飞行器协同制导是要求多个飞行器在系统制导策略的协同下，在指定的飞行时间到达目标点附近。预先估计每个飞行器到达目标点的飞行时间范围，只有在各飞行器时间调节范围内有交集时，协同再入飞行才可能实现。取协同飞行时间如下：

$$\begin{cases} T_{\min} \leq T_c \leq T_{\max} \\ T_{\min} = \max(T_{\min,1}, T_{\min,2}, \cdots, T_{\min,n}) \\ T_{\max} = \min(T_{\max,1}, T_{\max,2}, \cdots, T_{\max,n}) \end{cases} \quad (7.2.22)$$

式中：$T_{\min,n}$ 为第 n 个飞行器的最小飞行时间；$T_{\max,n}$ 为第 n 个飞行器的最大飞行时间；$T_{\min}$ 为飞行时间可调节范围的最小值；$T_{\max}$ 为飞行时间可调节范围的最大值；T_c 为最终的协同飞行时间。

2. 仿真验证与结果分析

本节采用双层优化的思想，首先外层优化设计的参数为 v_1、v_2、σ_0，内层优化每个制导周期满足航程约束和时间约束的期望终端速度，最终得到满足协同打击任务的攻角剖面和倾侧角剖面。本节开展 5 种仿真实验验证本节提出算法的有效性：

①对于单枚飞行器设置3种不同飞行时间约束的打击固定目标再入仿真实验;②同一再入点间隔时间出发,依次发射多枚飞行器打击固定目标的时间协同实验仿真;③同一时刻不同再入点出发,多枚飞行器打击固定目标的时间协同实验仿真;④同一时刻不同再入点出发,多枚飞行器打击移动目标的时间协同实验仿真;⑤蒙特卡罗仿真实验。

本节进行多高超声速滑翔飞行器时间协同再入制导仿真实验,仿真任务过程中对路径约束进行设置,热流率上限设为1200kW/m^2,动压上限设为400kPa,过载上限设为6,制导周期为1s,Δr、Δv和ΔS的值分别设为1000m、100m和30km,指定到达时间误差允许值为1s。

1) M-HGV多时间约束再入制导仿真

为验证本节提出的时间解析高超声速滑翔飞行器的再入制导算法的有效性,本节设置不同期望打击时间,考察本节各设计参数界限如表7.1所列。本节实验状态量初始终端条件如表7.2中场景1设置,期望打击时间分别为780s、790s和800s。

表7.1 4个设计参数的上下限

设计参数	最大值	最小值
v_1	6500m/s	4000m/s
v_2	4000m/s	1800m/s
$\|\sigma_0\|$	80°	0°
Δv_e	100 m/s	-100m/s

表7.2 仿真场景参数设置

状态量	经度	纬度	高度	速度	航迹角	航向角
场景1	5°	0°	70km	6500m/s	1°	30°
场景2	2°	-5°	80km	7000m/s	0.5°	40°
场景3	0°	0°	100km	7000m/s	-1°	40°
终端约束	32°	20°	20km	2000m/s	—	—

图7.9~图7.14分别展示了本节算法在3个期望时间约束下的仿真实验结果。如图7.9所示,3个仿真条件下终端高度误差在设置的阈值之内,平均高度误差为2.47m,满足终端约束要求。图7.10展现了经纬度变化情况,可以看出,3个仿真实验轨迹均能准确到达目标点附近,平均终端航程误差为7.09km,均小于终

端航程误差阈值,说明本节提出的算法能够满足制导精度要求。图 7.11 展现了速度随时间变化情况,在期望终端时间约束时刻,3 个仿真实验终端时刻速度均能满足误差阈值,平均终端速度误差为 40.95m/s。

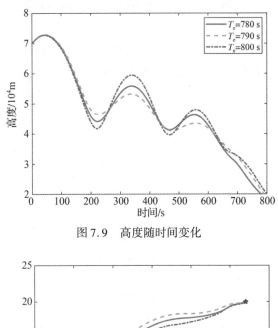

图 7.9　高度随时间变化

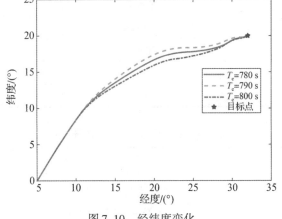

图 7.10　经纬度变化

图 7.12 展现了 3 个指定期望时间情况下,本节算法得到的轨迹都能够进入再入飞行走廊,即能够较好地满足路径约束,确保再入飞行安全。图 7.13 和图 7.14 分别展现了攻角剖面和倾侧角剖面的变化,攻角速度剖面的变化符合参数化设计的分段函数形式;倾侧角翻转次数较少,能够减少执行机构的压力。3 个仿真实验停止飞行时间与对应的指定期望时间的误差分别为 0.1s、0.05s 和 0.05s,说明本节算法能够较好地满足时间约束。综上所述,仿真结果表明提出的基于解析时间的高超声速滑翔飞行器再入制导方法能够有效完成指定期望打击时间的任务。

第7章 多高超声速滑翔飞行器协同制导

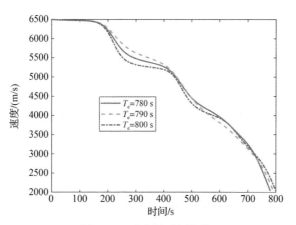

图 7.11 速度随时间变化

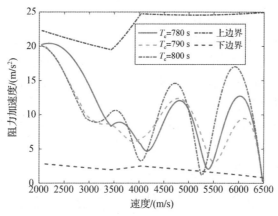

图 7.12 阻力加速度再入飞行走廊

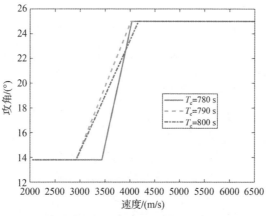

图 7.13 攻角随时间变化

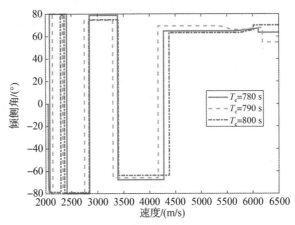

图7.14 倾侧角随时间变化

2) M-HGV 间隔发射时间协同制导仿真

为展现本节方法对于多飞行器时间协同制导问题的有效性,以表7.2中场景3的仿真实验参数为例,进行3枚飞行器间隔发射时间协同打击目标的实验,以第一枚飞行器再入时刻为时间零点,3枚飞行器的再入初始时刻 T_0 分别为0s、20s 和35s,期望协同打击时间为840s。

表7.3展现了本节算法针对3枚飞行器间隔时间再入制导仿真实验,得到的设计参数值、终端约束误差和协同时间误差的比较。可以发现,采用本节算法能够对时间约束满足较好,飞行时间误差分别为0.2s、0.35s 和0.4s。

表7.3 各波次飞行器协同制导仿真结果

场景	$v_1/(m/s)$	$v_2/(m/s)$	$\|\sigma_0\|/(°)$	$\Delta v_f/(m/s)$	$\Delta r_f/km$	$\Delta t/s$
$T_0=0s$	4518.69	3026.52	71.28	26.91	6.69	0.20
$T_0=20s$	4046.97	3194.41	65.63	7.08	0.07	0.35
$T_0=35s$	4057.95	3494.06	62.09	11.80	9.77	0.40

图7.15~图7.17分别展示了仿真实验得到的高度、经纬度和速度的变化,可以看出3枚飞行器间隔时间发射后在协同时间约束时刻,能够准确地到达目标点,终端约束误差均不超过阈值。由于3枚飞行器的起始和终端状态条件均一致,采用本节算法得到的轨迹及状态量变化趋势也基本一致。

图7.18可知,3枚飞行器在本节算法优化得到初始再入段的倾侧角的幅值基础上,均能够顺利进入阻力加速度-速度再入飞行走廊,即能够满足路径约束和准平衡

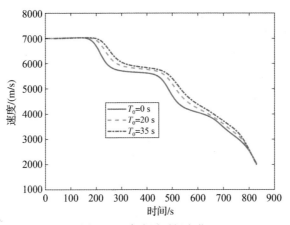

图 7.15 高度随时间变化

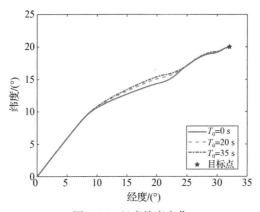

图 7.16 经度纬度变化

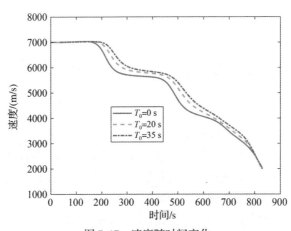

图 7.17 速度随时间变化

滑翔条件,保证飞行器的安全。图 7.19 ~ 图 7.20 展现了 3 枚飞行器的控制量随速度变化情况,攻角剖面符合设计期望,两个切换速度满足表 7.1 中参数上下限约束;倾侧角剖面变化趋势一致,翻转次数较少。综上所述,本节提出的多飞行器时间解析再入制导方法针对同一起始点间隔发射时间协同再入制导问题具有有效性。

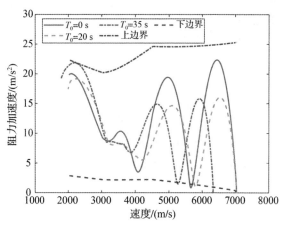

图 7.18　阻力加速度再入飞行走廊

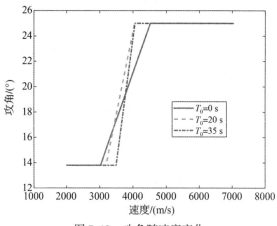

图 7.19　攻角随速度变化

3) 针对固定目标的时间协同制导仿真

为验证所提算法的有效性,本节开展针对固定目标的、从不同起始点再入的时间协同多飞行器再入制导仿真。实验场景设置如表 7.2 所列,期望协同飞行时间为 800s。

图 7.21 ~ 图 7.23 分别展现了 3 个场景仿真实验得到的高度、经纬度和速度的变化规律,可知在本节算法的求解下,高度、经纬度、速度的终端约束均能较好地满足,3 枚飞行器能够在期望协同飞行时间准确到达目标点,时间约束能够得到满足。

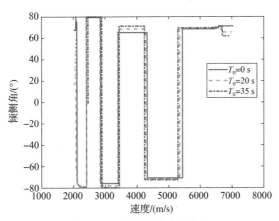

图 7.20 倾侧角随速度变化

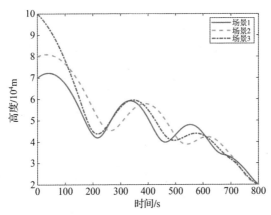

图 7.21 高度随时间变化

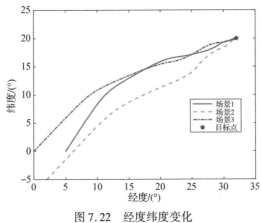

图 7.22 经度纬度变化

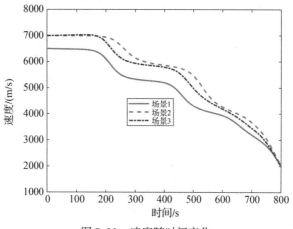

图 7.23 速度随时间变化

图 7.24 展现了 3 枚飞行器剩余航程随时间的变化,3 个场景下的飞行器的终端剩余航程分别为 11.05km、1.44km 和 27.48km,均能满足终端剩余航程允许误差。图 7.25 展现了 3 枚飞行器的路径约束均未超过上限阈值,说明得到飞行轨迹安全性,相对应地,图 7.26 展现了 3 枚飞行器均能顺利进入阻力加速度再入飞行走廊。图 7.27 和图 7.28 展现了 3 枚飞行器控制量随速度的变化情况,攻角剖面符合设计的分段函数形式,且速度切换点满足表 7.1 要求,倾侧角剖面具有明显的符号翻转现象,表明了本节采用的航向角偏差走廊能够较好地发挥作用。综上所述,本节所提多飞行器解析时间再入协同制导方法能够处理不同发射点协同打击目标问题,且时间约束能够得到精确满足。

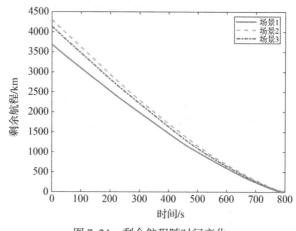

图 7.24 剩余航程随时间变化

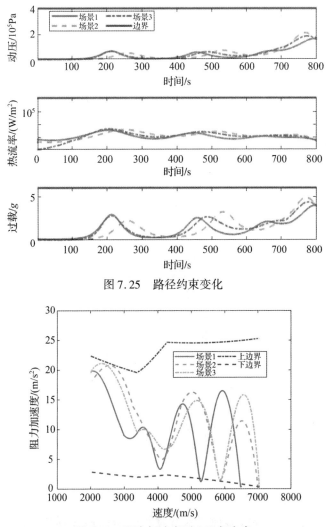

图7.25 路径约束变化

图7.26 阻力加速度再入飞行走廊

4) 针对运动目标的时间协同制导仿真

为进一步验证本节提出的解析时间协同再入制导算法的有效性,本节开展针对简单运动目标的协同打击仿真实验。3枚飞行器初始状态设置同表7.2,期望协同打击时间设为800s。仿真假设各飞行器能够经过数据链路感知目标的实时位置,在飞行仿真起始400s后,目标在水平面开始运动,运动方式如下:

$$\begin{cases} \theta(t) = 32 - 0.01 \times (t-400) \\ \phi(t) = 20 + 0.01 \times (t-400) \end{cases} \tag{7.2.23}$$

式中:$\theta(t)$和$\phi(t)$分别为目标点的实时经度和纬度。

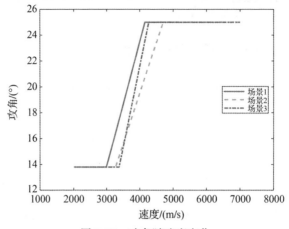

图 7.27 攻角随速度变化

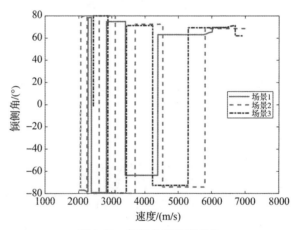

图 7.28 倾侧角随速度变化

图 7.29 ~ 图 7.31 分别展现了本节算法针对简单运动目标的协同制导实验结果,可知,在期望协同时刻高度和速度终端约束满足较好。图 7.30 展示了 3 枚飞行器三维再入轨迹及目标的运动轨迹,飞行器均能在期望时刻到达运动目标附近,到达末交班区域为后续末制导打击阶段进行准备。图 7.32 和图 7.33 展现本节仿真实验控制量的变化,可以看出控制量的变化均能满足各项约束,符合设计预期,倾侧角反转策略发挥作用,且本节仿真中倾侧角反转次数较少,减轻了飞行器追击运动目标时执行机构压力。综上所述,本节提出的解析时间协同再入制导算法针对形如式(7.2.23)的运动目标协同打击问题具有一定的参考价值。

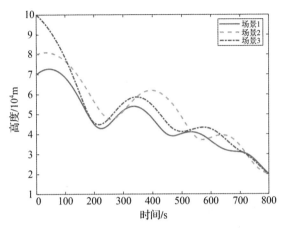

图 7.29 高度随时间变化

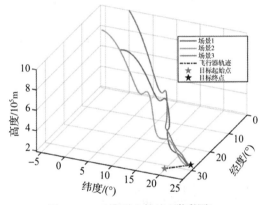

图 7.30 三维再入轨迹（附彩图）

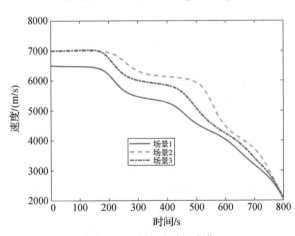

图 7.31 速度随时间变化

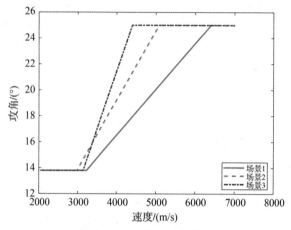

图 7.32 攻角随时间变化

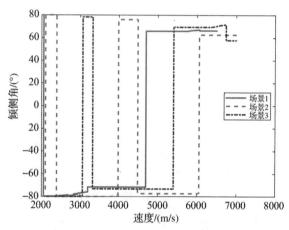

图 7.33 倾侧角随时间变化

5) 蒙特卡罗仿真与分析

为验证本节提出的时间解析再入制导方法的抗干扰性能,本节进行蒙特卡罗仿真实验,实验的初始和终端约束设置如表 7.2 中场景 3,指定期望时间为 830s,设置服从正态分布的扰动因素如表 7.4 所列,并进行 120 次的蒙特卡罗仿真。

表 7.4 蒙特卡罗仿真扰动设置

扰动因素	高度	经度	纬度	速度	航迹角	航向角
3σ 值	100m	1°	1°	100m/s	0.2°	0.2°

图 7.34 展现了 120 次的蒙特卡罗仿真实验得到的速度随时间变化的规律,可以看出在 6 个状态量的初始值都进行不同程度的扰动下,本节提出的改进算法得到的终端速度皆在 2000m/s 左右,120 次打靶实验到达时间误差平均值为 0.038s。图 7.35 展现本节实验得到的经度、纬度变化,可以看出 120 次打靶实验,经纬度变化基本一致,能够较为准确地到达目标点附近。

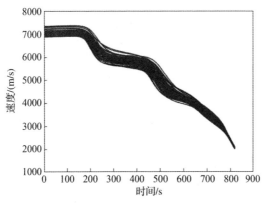

图 7.34 速度随时间变化

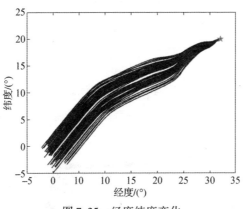

图 7.35 经度纬度变化

图 7.36 展现了本节仿真实验得到的终端位置,可以看出,120 次仿真终端误差均小于 30km,在设置的终端误差允许范围内。本节实验设置终端目标经度 32°,纬度 20°,经度误差不超过 ±0.3°,纬度误差不超过 ±0.3°,落点较为集中。图 7.37 展现的终端误差值的大小区间分布,可以看出超过 80% 的落点,误差在 20km 以内,120 次仿真实验平均终端误差为 17.73km。图 7.38 展现了蒙特卡罗仿真实验中路径约束极值点出现的时刻,可以看出,在存在扰动的情况下,本节算法得到的轨迹热流率、动压、过载仍未超过约束上限,能够得到安全的再入轨迹。综上所述,本节所设计的时间解析 HGV 再入制导算法具有较好的鲁棒性。

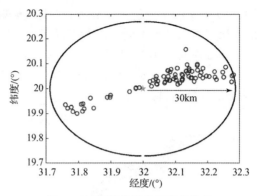

图 7.36　蒙特卡罗仿真落点分布

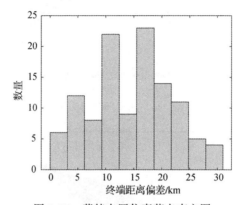

图 7.37　蒙特卡罗仿真落点直方图

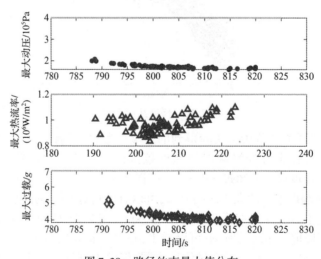

图 7.38　路径约束最大值分布

7.2.2 基于强化学习算法的协同制导

由于时间可控再入制导的复杂性与制导实时性要求,常规再入制导方法难以简单应用到协同问题上。随着智能算法的兴起,强化学习在一些决策问题上的出色表现为再入制导设计提供了可行的探索方向[13-16],并且其离线训练-在线使用模式具有较强的适应性与实时性。图 7.39 展示了基于强化学习的协同制导求解思路。强化学习类方法凭借其处理复杂模型、受扰动模型,甚至无模型情况下控制问题所具有的设计流程通用性、自学习自适应能力、泛化能力强的特点,逐步运用于飞行器制导方法设计中。

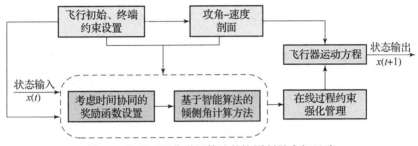

图 7.39 基于强化学习算法的协同制导求解思路

考虑到高超声速飞行器再入横向倾侧反转规划本质上是一个典型的二值决策问题,即根据当前状态和目标给出倾侧角符号"+"或"-",因此当前主流基于强化学习方法是通过设计再入横向制导智能决策器,调节倾侧角符号实现再入飞行时间的可控性。

解决强化学习问题的框架是马尔可夫决策过程,由元组 (S,A,P,R,η) 描述,其中:S 为状态空间,且任意状态 $s \in S$;A 为有限动作空间,且任意动作 $a \in A$;P 为状态转移概率;R 为回报函数;η 为折扣因子,$\eta \in [0,1]$,用来计算累积回报,其目标是找到最优策略 π,使得该策略下总回报最大。

DQN 算法是一种将 Q 学习和深度学习相结合的强化学习算法,其算法结构如图 7.40 所示。在每个训练周期内,DQN 算法随机抽取来自经验池的样本对两个网络进行训练。使用一个网络产生当前状态-动作值函数 $Q(s_t,a_t;\theta)$,其中,s_t 和 a_t 分别表示当前时刻的状态和动作;θ 为网络参数。使用另一个网络产生目标状态-动作值函数,表示为

$$Q_T(s_t,a_t;\theta^-) = \begin{cases} R_t, & s_{t+1} = s_t \\ R_t + \gamma \max_{a_{t+1}} Q(s_{t+1},a_{t+1};\theta^-), & s_{t+1} \neq s_t \end{cases} \quad (7.2.24)$$

式中:θ^- 为该网络参数;R_t 为当前时刻期望值;s_t 为终端时刻状态。在训练过程

中，根据网络参数 θ 的动作评价网络对当前状态 s_t 下能够采取的动作集 A 中所有动作的价值 $Q(s_t,a_t;\theta)$ 进行估计，输出其中具有最大价值的动作；之后根据最大价值动作的实际价值与估计值之间的误差对参数 θ 进行更新。为保证网络具有一定的探索能力，定义探索率 ε，使得每次输出均存在概率 ε 进行随机动作选择。

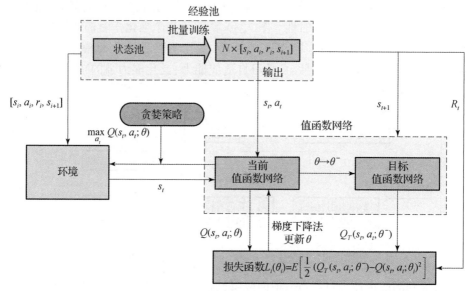

图 7.40　DQN 算法结构

根据 $Q(s_t,a_t;\theta)$ 的 Bellman 方程形式，神经网络训练中，定义第 i 次迭代的损失函数为

$$L_i(\theta_i)=E\left[\frac{1}{2}(Q_T(s_t,a_t;\theta^-)-Q(s_t,a_t;\theta_i))^2\right] \quad (7.2.25)$$

式中：θ_i 为第 i 次迭代网络参数。经过一段时间的学习后，采用梯度下降法用新的 θ_i 更新目标值函数网络参数 θ^-，可以在一定程度降低当前 Q 值和目标 Q 值的相关性，提高算法稳定性：

$$\begin{aligned}\theta_{i+1}&=\theta_i+\nabla\theta_i\cdot L_i(\theta_i)\\&=\theta_i+E[(Q_T(s_t,a_t;\theta^-)-Q_T(s_t,a_t;\theta))\nabla\theta_i\cdot Q(s_t,a_t;\theta)]\end{aligned} \quad (7.2.26)$$

式中：$\nabla\theta_i$ 为对 θ_i 的梯度。根据上式不断更新网络参数，获得根据当前状态与目标状态对倾侧角符号进行规划决策的网络参数 θ，即为寻找到最优策略。

首先对横向飞行过程进行马尔可夫决策过程建模。考虑到由横向飞行状态控制再入飞行时间，并综合射程、落点误差和能量管理要求，构建状态归一化空间为

$$S=[\bar{\lambda}_{go}\quad\bar{\phi}_{go}\quad\bar{v}_{go}\quad\bar{\psi}_{go}\quad\bar{S}_{go}\quad\bar{t}_{go}] \quad (7.2.27)$$

$$\begin{cases} \bar{\lambda}_{go} = \dfrac{\lambda_{go0}/2 - \lambda_{go}}{\lambda_{go0}} \\ \bar{\phi}_{go} = \dfrac{\phi_{go0}/2 - \phi_{go}}{\phi_{go0}} \\ \bar{v} = \dfrac{v - (v_0 + v_d)/2}{v_d - v_0} \\ \bar{\psi} = \dfrac{\psi}{2} \\ \bar{S}_{go} = \dfrac{S_{go} - (S_{go} + S_d)/2}{S_d - S_{go}} \\ \bar{t}_{go} = \dfrac{t_{go}/2 - t_{go}}{t_{go}} \end{cases} \quad (7.2.28)$$

式中:λ_{go}、ϕ_{go}分别为剩余经度和剩余纬度,$\lambda_{go} = \lambda_d - \lambda$,$\phi_{go} = \phi_d - \phi$;$v_0$为再入初始速度;$S_{go}$为剩余射程,$S_{go} = R_e \eta t_{go}$为剩余飞行时间,$t_{go} = t_d - t$;下标0表示初始时刻的状态,如$\lambda_{go0}$与$\phi_{go0}$分别为初始时刻的剩余经度与剩余纬度。

由于倾侧角符号仅有正、负两个选项(倾侧角幅值为0°时视为符号为正),因此动作空间集合A为

$$A = \text{sgn}(\sigma) = \{1, -1\} \quad (7.2.29)$$

再入制导问题是一个多约束问题,需要满足落点偏差、飞行时间、终端速度、终端高度、过程约束等多项指标,存在的可行解范围较窄,因此回报函数的合理设计对再入问题至关重要。考虑到本节中终端速度、高度约束由纵向制导设计决定,横向制导主要考虑射程与时间约束。所以结合混合回报函数设计方法,将回报函数$R(s_{t_\Gamma})$设计为阶梯状,如下式所示:

$$R(s_{t_\Gamma}) = \begin{cases} -25\,|\Delta S_{go}/S_{go0}|^{0.1} - 100\,|\Delta t_{go}/t_d| - \xi_B \cdot B, & S_{go} \geqslant 10^6\,\text{m} \\ 100 - |\Delta S_{go}/S_{go0}| - 100\,|\Delta t_{go}/t_d| - \xi_B \cdot B, & 10^5\,\text{m} \leqslant S_{go} < 10^6\,\text{m} \\ 100 - |\Delta S_{go}/S_{go0}| - 100\,|\Delta t_{go}/t_d| - \xi_B \cdot B, & 10^4\,\text{m} \leqslant S_{go} < 10^5\,\text{m} \\ 150 - |\Delta S_{go}/S_{go0}| - 100\,|\Delta t_{go}/t_d| - \xi_B \cdot B, & 10^3\,\text{m} \leqslant S_{go} < 10^4\,\text{m} \\ 180 - |\Delta S_{go}/S_{go0}| - 150\,|\Delta t_{go}/t_d| - \xi_B \cdot B, & S_{go} < 10^3\,\text{m} \end{cases}$$

$$(7.2.30)$$

式中:ΔS_{go}为射程误差,$\Delta S_{go} = S_{go}(t_f) - S_d$;$\Delta t_{go}$为飞行时间误差,$\Delta t_{go} = t_f - t_d$;$B$为倾侧反转次数;$\xi_B$为反转次数权重值,$\xi_B$越大,横向决策器会倾向于向倾侧反转次数较少的方向学习。训练结束后,在线应用生成的智能体进行横向倾侧决策,即可以实现再入协同制导。

7.3 面临的挑战与展望

随着技术的发展，多飞行器协同作战将会成为未来重要的作战方式。从世界各国的集群武器发展现状来看，飞行器集群武器已初现端倪，美国"小精灵""郊狼"等飞行器集群已经逐渐形成作战能力，初步具备对高价值目标的协同毁伤能力。针对防御方，多空空/地空导弹拦截机动目标的作战样式也在逐渐完善。自20世纪70年代，美国提出了多导弹协同作战的概念，美国和俄罗斯等国相继进行了大量的研究，美国的网火导弹武器系统以及俄罗斯的"花岗岩"是最早实现协同攻击的代表。协同作战是随着数据处理、制导控制技术的进步而形成的一个新的研究领域，也是未来体系作战的发展方向。

图 7.41 展示了协同作战的体系结构，协同制导技术是上述协同作战任务执行层面的关键环节之一。随着任务场景的复杂化、目标机动能力的提升，协同制导应该向着智能性、实时性、鲁棒性和多约束性等方面发展。

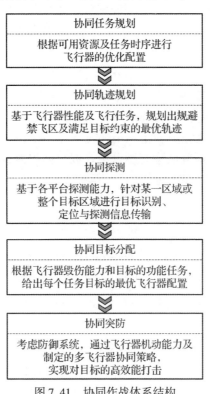

图 7.41　协同作战体系结构

1. 智能性

目前，人工智能在部分行业和领域取得了显著成果，如图像识别、语音识别、生成式人工智能、大数据等，但是在多飞行器协同领域仍有广阔待智能化空间，现阶段多飞行器研究仍处于攻关与协同相关的技术上，且不同领域研究深度不一。但是，在未来作战场景中，目标机动的能力将会提升，协同制导问题必然将会遇到目标不确定机动干扰带来的影响，形成协同博弈对抗态势。随着弹载计算机技术的发展，将基于强化学习、深度学习的智能控制、智能估计等方法引入到协同制导问题中，利用人工智能算法对非线性问题的强大处理能力，实现对机动目标作用下剩余时间的精准估计以及协同制导律的设计，是未来发展的趋势。

2. 实时性

高超声速飞行器协同制导面临着实时性方面的挑战，主要是由于高超声速飞行器的快速机动和环境变化需要精确、即时的响应。然而随着飞行器规模的增大，无论是集中式还是分布式的算法，实时性将会受到一定的挑战。因此，在大规模飞行器协同作战的场景下，需要建立更加精准的协同制导模型，开发针对高超声速飞行器的快速反应制导算法，以实现对飞行器位置、运动状态等信息的快速感知和快速调整，利用先进的预测和补偿技术，对飞行器的运动轨迹和环境变化进行准确的预测，并实施及时的动态调整，结合人工智能、机器学习等技术，开发智能化协同制导系统，更好地适应复杂多变的环境和任务需求，以保证协同制导算法的安全性和有效性。

3. 鲁棒性

在高超声速飞行器中，鲁棒性体现在协同制导系统对不确定噪声、不确定环节的不敏感性。在现有的研究成果中，部分结果并未考虑实际导引信息获取途径是否可行，导引信息中的噪声也会对协同制导效果产生较大影响。在实际任务中，高超声速飞行器可能面临敌方电子干扰和攻击，这会对协同制导系统的稳定性和鲁棒性造成威胁。因此，需要研究并应用抗干扰技术，设计具有一定自适应能力的制导算法，以提高系统对敌方干扰和攻击的抵抗能力。此外，目标的未知运动信息也会对协同制导精度产生较大影响，因此需要进一步探讨鲁棒协同制导问题。

4. 多约束性

未来协同制导问题将会受到多约束条件限制，如时间约束 + 角度约束 + 视场角约束等多约束组合。尽管现在已经有较多成果，然而大多数都是以高超声速巡航飞行器为研究对象，基于有推力情况下的大机动范围，对于无速度调节能力的高超声速滑翔飞行器，能够实现多约束条件下的协同制导也是一个重要的发展方向。

参考文献

[1] 董希旺,于江龙,化永朝,等. 多飞行器攻击时间一致性协同制导进展综述与展望[J]. 北京航空航天大学学报,2022,48(09):1836-1844.

[2] 赵建博,杨树兴. 多导弹协同制导研究综述[J]. 航空学报,2017,38(01):22-34.

[3] 肖增博,雷虎民,滕江川,等. 多导弹协同制导规律研究现状及展望[J]. 航空兵器,2011,(06):18-22,62.

[4] 槐泽鹏,梁雪超,王洪波,等. 多弹协同及其智能化发展研究[J]. 战术导弹技术,2019,(05):77-85.

[5] 张友安,马国欣,王兴平. 多导弹时间协同制导:一种领弹-被领弹策略[J]. 航空学报,2009,30(06):1109-1118.

[6] YU W B,CHEN W C,JIANG Z G,et al. Analytical Entry Guidance For Coordinated Flight With Multiple No-Fly-Zone Constraints[J]. Aerospace Science and Technology,2019,84:273-290.

[7] 胡锡精,黄雪梅. 具有落点和落角约束的圆轨迹制导律[J]. 宇航学报,2012,33(5):562-569.

[8] ZHANG W Q,CHEN W C,YU W B,et al. Autonomous Entry Guidance based on 3-D Gliding Trajectory Analytical Solution[C]. 2019 IEEE 10th International Conference on Mechanical and Aerospace Engineering,Brussels,2019:24-31.

[9] 张晚晴,余文斌,李静琳,陈万春. 基于纵程解析解的飞行器智能横程机动再入协同制导[J]. 兵工学报,2021,42(7):1400-1411.

[10] 刘凯,徐骋. 多飞行器协同拦截目标分配算法及制导律研究综述[J]. 战术导弹技术,2022(4):90-97.

[11] LI Z H,HE B,WANG M H,et al. Time-Coordination Entry Guidance for Multi-Hypersonic Vehicles[J]. Aerospace Science and Technology,2019,89:123-135.

[12] CHAO T,QUAN S M,MA P,et al. Three-dimensional Low-order Finite-time Integrated Guidance and Control Design with Side-Window Constraint[J]. Aerospace Science and Technology,2022,121:107355-107379.

[13] 周锐,陈宗基. 强化学习在导弹制导中的应用[J]. 控制理论与应用,2001,18(5):748-750.

[14] 陈中原,韦文书,陈万春. 基于强化学习的多发导弹协同攻击智能制导律[J]. 兵工学报,2021,42(08):1638-1647.

[15] 王肖,郭杰,唐胜景,等. 基于解析剖面的时间协同再入制导[J]. 航空学报,2019,40(03):239-250.

[16] XU J J,DONG C H,CHENG L. Deep Neural Network-based Footprint Prediction and Attack Intention Inference of Hypersonic Glide Vehicles[J]. Mathematics,2023,11(1):185.

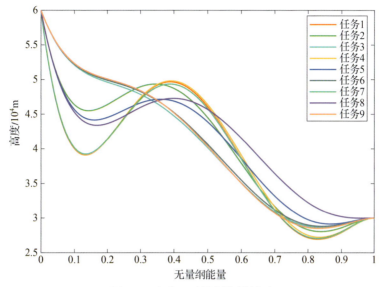

图 5.6 高度 – 无量纲能量剖面

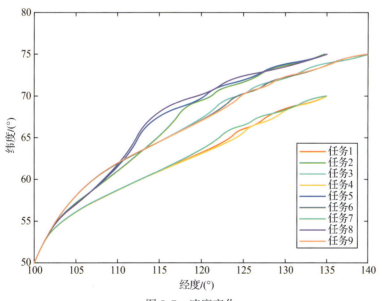

图 5.7 速度变化

彩 1

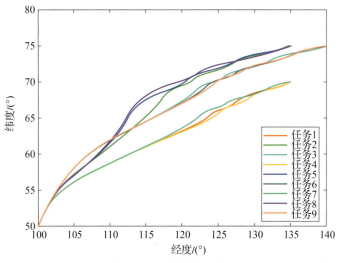

图 5.8 经度纬度变化

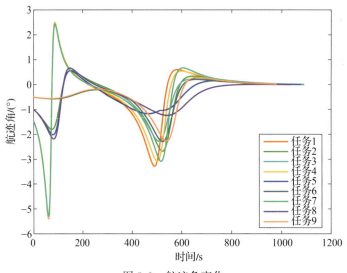

图 5.9 航迹角变化

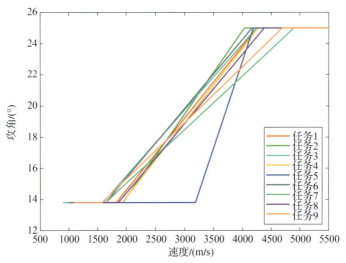

图 5.10 攻角剖面

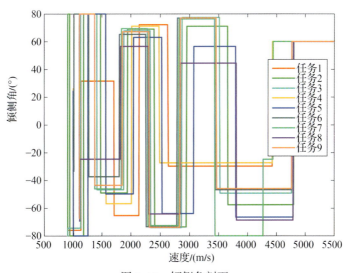

图 5.11 倾侧角剖面

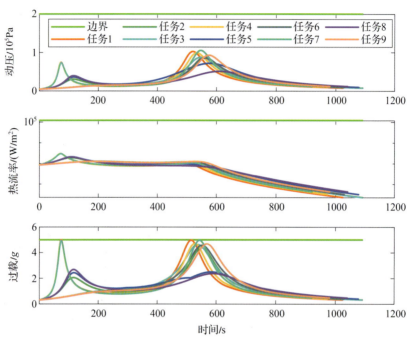

图 5.12 路径约束变化

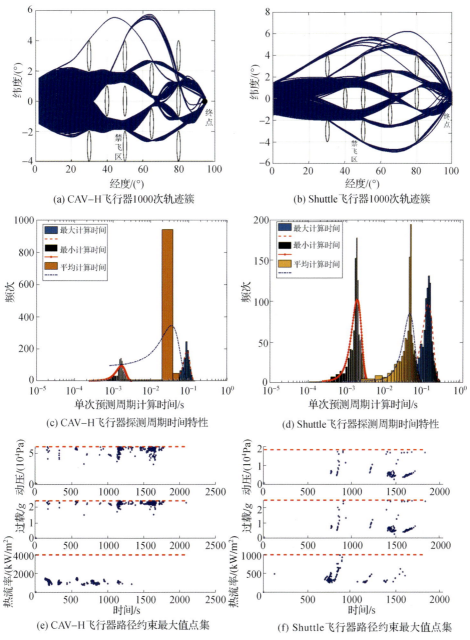

图 6.12 多禁飞区约束机动制导蒙特卡罗实验结果

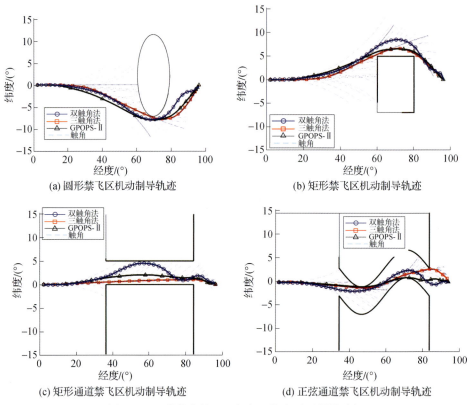

图 6.13 4 种静态禁飞区任务经纬度平面制导路径

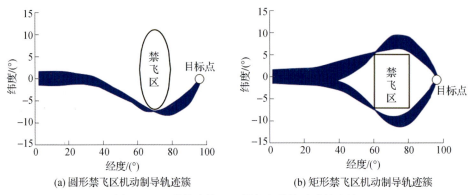

图 6.15 4 种静态禁飞区任务鲁棒性试验轨迹簇

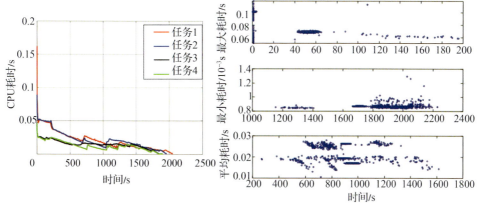

(a) 4种任务单周期探测计算时间变化

(b) 鲁棒性实验单周期探测计算时间特性

图 6.17　4 种静态禁飞区任务时间特性图

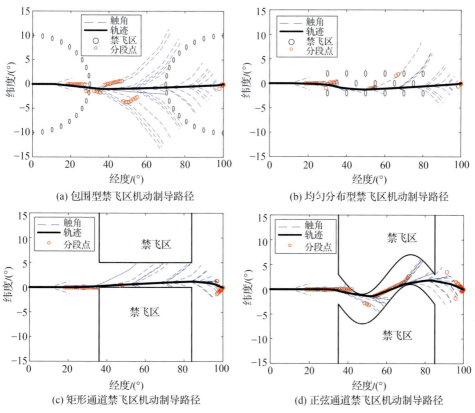

(a) 包围型禁飞区机动制导路径

(b) 均匀分布型禁飞区机动制导路径

(c) 矩形通道禁飞区机动制导路径

(d) 正弦通道禁飞区机动制导路径

图 6.20　基于多触角探测的双模 4 种禁飞区约束下机动制导路线图

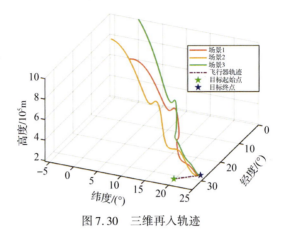

图 7.30 三维再入轨迹